梯级坝群
服役安全风险
评估理论与工程实践

胡雅婷 魏博文 刘孟桦 袁冬阳 ■ 著

U0220678

河海大学出版社
HOHAI UNIVERSITY PRESS
·南京·

内 容 提 要

梯级水电站以其首尾衔接的开发形式,能实现对水能资源的高效利用,在发电、防洪、灌溉等方面均可发挥较高效益。与此同时,梯级坝群在运行中面临多源风险,一旦失事后果严重,为此,针对梯级坝群的风险分析是坝工安全领域研究的热点和难题。本书以梯级坝群失效路径挖掘、风险率估算及系统韧性评价为研究主线,综合运用坝工知识、统计理论、系统可靠度分析方法,结合原位监测资料,开展了梯级坝群风险率估算与系统韧性评价方法的研究。研究内容可为梯级坝群的运行管理提供理论依据,保障梯级坝群的稳定安全运行。

本书可作为水利水电工程、土木工程等领域内从事管理、科研等工作的工程技术人员的参考用书。

图书在版编目(CIP)数据

梯级坝群服役安全风险评估理论与工程实践 / 胡雅婷等著. -- 南京:河海大学出版社,2024.1
ISBN 978-7-5630-8518-7

Ⅰ.①梯… Ⅱ.①胡… Ⅲ.①梯级水库-大坝-安全管理-风险评价-研究 Ⅳ.①TV62

中国国家版本馆 CIP 数据核字(2024)第 033319 号

书 名/梯级坝群服役安全风险评估理论与工程实践
　　　　TIJI BAQUN FUYI ANQUAN FENGXIAN PINGGU LILUN YU GONGCHENG SHIJIAN
书 号/ISBN 978-7-5630-8518-7
责任编辑/金　怡
特约校对/张美勤
封面设计/张世立
出版发行/河海大学出版社
地 址/南京市西康路 1 号(邮编:210098)
电 话/(025)83737852(总编室)　(025)83722833(营销部)
经 销/江苏省新华发行集团有限公司
排 版/南京月叶图文制作有限公司
印 刷/广东虎彩云印刷有限公司
开 本/718 毫米×1000 毫米　1/16
印 张/10.75
字 数/191 千字
版 次/2024 年 1 月第 1 版　2024 年 1 月第 1 次印刷
定 价/69.00 元

前　　言

我国江河湖泊众多,水能资源丰富,自中华人民共和国成立以来,已建成
9.8万余座水库大坝。二十世纪初,我国提出了统筹规划建设十三大水电基地
的目标,目前,十三大水电基地基本形成,梯级坝群在水资源协同调度、优化配
置,带动区域性经济发展等方面均起到了重要作用。梯级坝群的建成运行有利
于我国水资源的综合利用,但同时也存在诸多潜在风险。梯级坝群面对的不确
定性因素多,风险影响范围大,单座大坝之间的风险存在耦合、叠加的特性,易触
发失事事件。此外,梯级坝群中水库、大坝数量多,风险势能大,一旦发生失事事
故,易引发系统性风险,造成严重的后果。因此,为保障坝群的安全运行,开展梯
级坝群风险分析研究意义重大。

本书在国家自然科学基金面上项目(52379125)、国家自然科学基金地区科
学基金项目(51869011)、广西重点研发计划(桂科 AB17195074)与江西省水利厅
科技项目(202224ZDKT21)的资助下,基于原位监测资料,通过数值仿真和理论
分析,系统开展了梯级坝群风险率估算与韧性评价方法的研究,取得了以下创新
性成果。

(1)基于风险能量理论,建立了梯级坝群风险双向传递效应分析模型,提出
了风险能量传递效应的量化方法,实现了坝群系统风险链式效应的综合分析。
为解决梯级坝群最危险失效路径的辨识问题,构建了坝群不同类型风险的危险
性量化指标,提出了坝群系统最危险失效路径辨识方法。

(2)构造了基于控制变量思想的抽样变量,建立了控制变量-子集抽样的
单座大坝超出极限状态的风险率高效估算模型,基于 Copula 函数,提出了梯级
坝群风险率估算方法,解决了坝群超出极限状态的风险率估算问题。

(3)运用克里金插值技术,构建了单座大坝同类实测效应量场和实时风险
率估算模型,并提出了单座大坝整体实时风险率估算方法;基于 k/N 系统可靠
度和概率分析理论,提出了基于递归思想的梯级坝群实时风险率估算方法,实现
了对坝群风险率的实时度量。

（4）构建了梯级坝群系统韧性评价指标体系,提出了各韧性评价指标量化和韧性等级非等间距划分的方法。运用证据理论,建立了韧性评价的等级区间分界值确定方法,引入变权理论,实现了韧性评价指标的赋权,提出了梯级坝群系统韧性评价的集对分析技术,解决了坝群系统韧性综合评价的难题。

本书共6章,第1章由胡雅婷、魏博文撰写,第2章由胡雅婷撰写,第3章由魏博文撰写,第4章由刘孟桦撰写,第5章由袁冬阳撰写,第6章由胡雅婷撰写,全书由胡雅婷统稿。

另外,邵晨飞、熊芳金、何中政、何启、朱延涛、郑森、许焱鑫、谢威、陈会向等同志也参与了部分研究工作。

由于作者水平有限,书中难免有不妥之处,恳请同行学者和读者批评指正。

目　　录

绪　论

1.1　研究目的和意义

　　20 世纪开始,我国提出了统筹规划建设十三大水电基地的目标,随着向家坝、溪洛渡、白鹤滩、乌东德等一系列工程投入运行,我国十三大水电基地基本形成[1-3]。梯级坝群能充分利用河流落差,优化电站发电产能,通过联合调度,在防洪、灌溉、通航、供水等方面均能发挥显著效益[4]。表 1.1.1 给出了我国重大水电基地的规划装机容量规模,在金沙江干流规划建设的"两库二十七级"工程,总装机容量将达 8 167 万 kW;长江干流的六座梯级水电站多年累计发电量超过3 万亿 kW·h,构成了世界最大清洁能源走廊。梯级水电开发为我国经济绿色发展提供能量,也为我国经济社会高质量发展注入动力。此外,梯级坝群大幅度提高了水资源利用率,水库群联防也能产生更有效的防洪效果。2020 年,国家"十四五"规划纲要中提出加快西南水电基地建设,提高非化石能源消费比重的目标。在此背景下,梯级水电开发以其能最大化发挥水电工程功能效益的特点,受到广泛的关注与应用[5, 6]。

表 1.1.1　我国重大水电基地梯级水电枢纽规划装机容量

流域	梯级数	装机容量 (万 kW)	流域	梯级数	装机容量 (万 kW)
金沙江上游	8	898	金沙江中游	8	2 096
金沙江下游	4	4 215	长江上游	5	3 210.9
雅砻江中游	7	1 142	雅砻江下游	5	1 470
大渡河	22	2 340	乌江	11	867.5
澜沧江	15	2 581.5	黄河上游	16	1 415.5
黄河中游	6	609	南盘江红水河	10	1 252

梯级坝群的建成运行有利于我国水资源综合利用,但同时也孕育了诸多潜在风险。首先,梯级坝群系统面对的不确定性因素多,风险传导路径长,坝群内各单座大坝之间的风险存在耦合、叠加特性;其次,梯级坝群中高坝大库数量多,故而风险势能大,一旦发生失效事件,下游梯级可能难以维持正常运行,继而触发系统性风险,后果十分严重[7, 8]。因此,为保障梯级坝群的安全运行,开展梯级坝群风险分析研究刻不容缓[9, 10]。

风险分析研究的主要内容涉及最危险失效路径的挖掘、失效风险率估算、风险后果损失评估及风险评价等[11-14]。经几十年发展,国内外学者对上述问题展开了深入研究,积累了大量经验,但现有的大坝风险分析研究成果大多针对单体工程,聚焦梯级坝群系统特点的风险分析理论尚不完善。梯级坝群最危险失效路径挖掘是风险分析的基础,与单座大坝风险不同,梯级坝群风险在单座大坝间有演化、传递效应。因此,开展考虑梯级坝群风险的最危险路径辨识研究十分重要。失效风险率是衡量梯级坝群风险的重要指标,梯级坝群内大坝间失效事件存在相关性,有必要研究考虑不同大坝失效事件相关关系的梯级坝群失效风险率估算方法。梯级坝群系统韧性评价,是考察梯级坝群系统面对危害性风险时表现出的限制破坏性与保持稳定性等方面的能力,能够全面评价系统运行状态。

综上所述,梯级坝群风险具有可传递性、可叠加性,其在役的各单座大坝风险状态间存在相关性,本书将综合运用坝工知识与数理方法,全面系统地研究梯级坝群风险的主要特性,完善针对梯级坝群风险率计算问题的方法,在此基础上,提出梯级坝群系统韧性评价技术,这对保障我国梯级坝群安全运行意义重大。

1.2 国内外研究进展

本书针对梯级坝群风险分析相关问题展开研究,主要内容包括失效路径挖掘、失效风险率估算与系统韧性评价等,本节将归纳总结上述研究内容的理论与方法的国内外研究进展。

1.2.1 梯级坝群失效路径挖掘研究现状

在梯级坝群风险分析涉及的诸多研究内容中,失效路径挖掘是后续风险分析的基础,国内外专家学者已开展对单座大坝的失效路径挖掘,以及单座大坝之间风险传递效应的研究,并取得了一系列成果[15-18]。

1.2.1.1 大坝失效路径挖掘方法

对于单座大坝的失效路径识别,一般通过建立反映"荷载—破坏—溃决"的失事路径集合,结合专家经验与实际工程资料,挖掘最有可能的失效路径[19]。为确定最有可能的失效路径,基于失效模式与效应分析(Failure Model and Effect Analysis,FMEA)方法[20],Peyras 等[21]提出了大坝系统潜在危害分析模型;在 FMEA 方法基础上,Hartford 等[22]将危害性分析引入大坝安全评价,对大坝潜在的失效模式进行排序。20 世纪开始,故障树法(Fault Tree Analysis,FTA)[23]、事件树法(Event Tree Analysis,ETA)[24,25]相继被运用于大坝失效路径识别中。贝叶斯网络(Bayesian Network,BN)[26]模型是一种广泛应用于知识表达与推理的模型,相比于 FMEA、FTA、ETA 等方法,贝叶斯网络具备更为灵活的网络结构,适合处理复杂系统中各变量间因果关系。为研究不同地区、坝型及各运行阶段的大坝主要失效原因,Kalinina 等[27]提出了基于贝叶斯层次分析模型的大坝失效风险分析方法;Tang 等[28]建立了集成领域先验知识与机器学习算法的贝叶斯网络模型,以此实现了土石坝安全管理与风险识别;杜德进等[29]提出了基于 FMEA 的大坝失事模式识别方法,并将其应用于丰满大坝的风险评估;吴中如等[30]构建了结合遗传算法(Genetic Algorithm,GA)与层次分析法(Analytic Hierarchy Process,AHP)的递阶层次风险分析架构,完善了针对重大水利水电工程运行风险的分析理论。在对 FTA 原理探究的基础上,罗文广等[31]提出了基于故障树法的大坝失事成因分析方法;黄海鹏[32]结合故障树分析方法与粗集理论,研究了土石坝运行过程中的风险成因与失效路径挖掘方法;陈悦等[33]构建了大坝风险属性评价指标体系,在此基础上,提出了融合模糊层次分析法、熵权法赋权和逼近理想解法的大坝风险因子识别方法;何标[34]以过往失事案例为基础,提出了基于 ETA 模型的土石坝在各潜在破坏模式下的风险水平评估方法;林鹏远等[35]建立了风险致因-事件逻辑关系,提出了大坝渗漏风险贝叶斯网络分析模型,由此实现了对某水库渗漏风险路径的预测。为研究大坝滑坡灾害路径,李翔宇[36]提出了一种改进的 BN-FAHP 风险评价方法。此外,大坝风险相关研究问题常蕴含模糊性特征,模糊理论(Fuzzy Theory)、云模型等[37-40]方法也常应用于大坝失效路径的辨识。

1.2.1.2 风险传递效应分析方法

梯级坝群中各大坝间存在水力联系等关联媒介,大坝之间的风险具有传递效应[41, 42],该效应将影响梯级坝群的失效路径挖掘结果。

目前对梯级坝群风险传递效应的研究尚处于起步阶段,大多数方法采取概化风险传递效应的思想,并由此提出相应的分析模型来量化梯级坝群间的风险传递效应,该类方法已在经济、电力、水利、工程建设等领域的风险传递效应研究中得到了成功应用,下面经对上述领域内研究进展进行分析,旨在为本书的梯级坝群风险传递效应分析提供借鉴。朱鲲[43]在能量释放理论的基础上,提出了"风险能量泡"的概念,建立了描述经济系统中风险合并、转化、释放等一系列过程的多风险因素量化模型;陆仁强[44]利用风险传播理论,刻画了城市供水系统风险传递效应,构建了考虑系统串并联逻辑关系的城市供水系统风险评价模型;曹吉鸣等[45]构建了考虑风险因素间相关性的风险网络图,通过相关关系将风险网络图分解为风险链,在此基础上,提出了建设项目进度风险链评估方法;白涛等[46]构建了单源风险传递基本框架,研究了压咸风险的时空传递规律。为研究多重风险下某流域下游梯级水库调度安全,张鸿雪[47]提出了基于方差分解法的风险传递量化方法,分析并比较了梯级水库群四种风险指标间风险传递量动态变化过程。为研究地区旱灾风险传递,董涛等[48]构建了旱灾风险矩阵,据此提出了五元减法集对势传递诊断评估方法,从而实现了系统链式传递效应的评估。此外,风险元传递理论[49]、马尔科夫链(Markov Chain,MC)[50, 51]、关联度分析[52, 53]方法等也相继应用于风险传递效应研究中。随着工程项目复杂性增加,研究人员开展了工程项目中的风险传递效应分析研究[54-56],为控制大型工程项目中的风险传播,Chen等[57]建立了基于多层异构工程项目进度网络的风险传播模型,该模型考虑了风险传播的多重不确定性,延展了风险传播控制理论的内涵;Wang等[58]提出了描述梯级水库间风险传递程度参数的确定方法,并由此构建了基于贝叶斯网络的梯级水库风险分析模型。

国内外学者在单座大坝失效路径识别与风险传递效应方面研究成果丰富,但对梯级坝群失效路径挖掘的研究鲜有报道。本书拟将风险链式模型引入梯级坝群风险传递效应分析的研究中,构建反映梯级坝群风险传递特点的链式传递效应分析模型,建立风险危险性量化指标,提出最危险失效路径的挖掘方法。

1.2.2 单座大坝失效风险率估算研究现状

失效风险率估算是大坝风险分析研究中的关键环节,也是梯级坝群失效风险率分析研究的基础[59, 60]。

大坝失效风险率估算需先确定结构状态功能函数,当结构状态功能函数形式为显函数时,利用直接积分法[61-63]能准确计算得到结构失效风险率。然而,在大坝失效风险率估算中,若结构状态功能函数为隐函数形式,例如土石坝坝坡失稳破坏时的功能函数,此时,利用直接积分法难以求得结构失效风险率[64, 65]。在直接积分求解方法基础上,可靠性分析[66-69]逐步发展成为主要的大坝失效风险率分析方法,大坝可靠性分析从结构遭受的荷载与结构抗力关系角度出发,提出可靠度指标的概念,其值与失效概率结果一一对应。可靠度指标的计算方法有一阶可靠度方法(First Order Reliability Method,FORM)[70, 71]、二阶可靠度方法(Second Order Reliability Method,SORM)[72, 73]等。采用上述方法在验算点处将结构状态功能函数通过泰勒级数展开,由迭代算法确定可靠度指标结果。对于大部分工程而言,在已知结构状态功能函数随机变量的均值和标准差情况下,可靠度指标结果精度已满足应用要求,但结构状态功能函数为高度非线性形式时,FORM 和 SORM 的结果与实际情况相差较大。JC 法(Joint Committee,JC)是一种当量正态化方法,该方法核心是将非正态分布随机变量转化为对应正态分布随机变量,其对非线性结构状态功能函数有较好的求解能力[74-76]。

大坝结构具有高度非线性特点,蒙特卡罗模拟(Monte Carlo Simulation,MCS)[77]计算方法因应用原理简洁、适应性强等优点,成为较为通用的大坝结构失效风险率分析方法之一。为提高 MCS 方法计算失效概率的效率,Wang 等[78]利用贝叶斯分析方法对不确定性影响因素进行重要性排序,优先考虑显著影响因素,再运用 MCS 确定失效概率。针对大坝多重失效模式情况,Shi 等[79]提出了一种基于蒙特卡罗抽样的大坝失效风险率计算方法。对于大坝结构失效事件这类小概率问题,基于 MCS 的结构失效概率分析方法计算规模大、效率低,因此,许多专家在提高抽样效率方面开展了研究[80, 81]。Li 等[82]提出了一种基于子集模拟(Subset Simulation,SS)的三阶段可靠度优化求解方法,该方法解决了高维不确定性系统和高复杂性系统的可靠度分析问题,其计算结果接近系统可靠度真实值;雷鹏等[83]综合运用拉丁超立方抽样和 MCS 方法,提出了堤防渗透破坏风险率估算方法,结果表明,该方法在显著减少模拟次数的情况下,仍能得到较准确的分析结果;Jia 等[84]针对多失效域可靠度分析问题,提出了一种基于环形子区域抽样策略的重要性抽样方法,该方法将样本空间划分为多个环形子区域,结合主动学习 Kriging 模型与高斯混合模型,识别出失效区域并获取样本,提高了可靠度计算结果精度和求解效率。此外,学者们将 BN 分析框架、MC 抽样等方法引入 MCS 抽样效率提升的研究中,并取得了一批有价值的研究成果[85, 86],图 1.2.1 给出了几类常用的大坝失效风险率计算分析方法原理示意图。

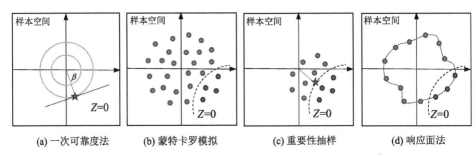

图 1.2.1　几类常用大坝失效风险率计算分析方法原理示意图

随机有限元法(Stochastic Finite Element Method,SFEM)[87, 88]考虑了有限元分析中参数的不确定性,是结构失效概率分析的又一类主要研究手段。张芝玲[89]构造了基于强度理论的结构可靠度指标,提出了拱坝可靠性分析方法;李典庆等[65]总结了多种基于有限元结构计算的土坡可靠性分析方法,针对土体参数空间变异性的土坡可靠度计算问题,比较并验证了多种方法在单/多层土坡可靠度计算中的效率与结果精度;程井等[90]从坝体强度角度构造可靠度指标,针对结构参数等随机变量数据缺乏的情况,提出了概率区间混合不确定性的可靠度分析理论;宋宇宁[91]提出了结合邓肯-张 E-B 模型的土石坝可靠度分析方法,基于土石坝应力应变有限元数值模拟结果,实现了不同极限状态下的土石坝可靠度分析。大坝结构失效是小概率事件,需通过上百万次的有限元计算模拟,才能得到精确的结构失效概率结果,十分耗时。为提高计算效率,Bucher 等[92]提出了基于响应面法(Response Surface Method,RSF)的可靠度分析方法,该方法以多项式近似地表达结构状态功能函数,并通过合理地抽取样本点和选择迭代策略,使失效概率计算结果贴近真实结果,方法具有求解效率高的优点[93, 94]。此外,大坝结构可靠度分析研究中,常见的方法还有基于可靠度几何表达式的估算方法、RSF 与人工智能算法相结合的估算方法等[95-98]。

综上,单座大坝失效风险率分析的方法种类多,有各自的特点和适用范围,其中,基于结构状态功能函数表达式,利用抽样方法对函数中随机变量进行采样,统计处于失效域的样本数量,由此估算大坝失效风险率的方法普适性强。但利用普通 MCS 抽样方法的大坝失效风险率估算存在抽样次数大、抽样效率低的问题。因此,需寻求一种在保证大坝失效风险率估算结果精度的前提下,提升风险率估算效率的抽样方法。

1.2.3　梯级坝群失效风险率估算研究现状

梯级坝群失效风险率估算,建立在各单座大坝失效风险率估算结果的基础上,经对单座大坝失效事件间相关性的研究,建立考虑相关性后的系统失效风险率估算分析方法。

当各类水文资料完备时,各大坝坝前水位变化过程可通过水力学数值模拟、调洪演算等方法进行研究,将此作为考虑相关性的依据,并进一步探究梯级坝群失效风险率的确定方法[41, 99-101]。针对梯级坝群间水文调度、洪水演进过程中涉及的水力学特性,国内外学者开展了一系列的理论与实验研究,蔡启富等[102]提出了基于矢通量分裂的一维浅水方程差分形式,并将其应用于溃坝水波传播数值模拟中,由此分析了流速、流量等因素对溃坝水波传播的影响;黄卫等[103]开展了梯级水库溃坝洪水的水槽模拟实验,研究并验证了梯级水库溃坝洪水的渐进增强机制,将实验结果应用于数值模拟分析中,由此系统探究了坝高与大坝间距离对梯级水库溃坝洪水的作用效应;Xue 等[104]构建了一种追踪大坝溃决洪水演进过程中水深波动的装置,研究了下游与上游水库初始水深之比对洪峰水深的影响效应。在梯级坝群上下游大坝坝前水位变化过程研究的基础上,学者们相继开展了坝群系统的风险率分析研究[105-107]。为探明梯级土石坝和堰塞体的溃决风险,陈淑婧[108]结合室内试验与土石坝溃坝洪水数值模拟结果,提出了一种溃决洪水演进水动力参数反演方法,由此建立了梯级土石坝连溃风险率计算模型;Hu 等[109]构建了梯级水库溃坝洪水演进全过程数值计算模型,模拟了不同流量调度下梯级水库溃坝过程,并以此作为设定风险预警指标与制定风险预案的依据;胡良明等[110]基于单座大坝溃坝模拟计算结果,考虑上下游水库间洪水演进过程,构建了坝群连溃风险率计算模型,并在实例应用中比较了下游水库在不同干预下的连溃过程,验证了风险率计算结果的有效性。

当缺乏数值模拟所需资料时,基于水动力数值模拟的梯级坝群失效风险率估算方法难以适用,研究人员尝试从其他角度研究梯级坝群失效风险率估算问题。Bowles 等[111]提出并定义了坝群风险分析的概念,由此构建了一种坝群组合风险评估方法;Hagen[112]构造了基于专家打分结果的相对风险指数,实现了对坝群系统内各大坝的风险度量,综合各大坝相对风险指数结果,构建了梯级坝群风险指数。梯级坝群系统风险分析研究正逐步深入[113-115],在不进行水动力数值模拟情况下,梯级坝群失效风险率计算分析方法主要分为两类,一是考虑坝群中各大坝重要性,结合重要性分析与各单座大坝失效风险率结果,实现对梯级坝群失效风险率估算的方法;二是构建各单座大坝失效事件间的相关关系指标,由此建立梯级坝群失效风险率的估算方法。任青文等[116]建立了梯级库群综合权重多层次评价指标体系,采用层次分析法对各梯级水库进行重要性赋权,结合 k/N 系统可靠度分析方法,提出了梯级库群系统失效概率求解方法;杨印等[117]提出了联系度的概念,用来表征下游大坝失效概率受上游大坝的影响程度,据此构建了梯级库群连锁失效概率模型,实现了对梯级库群失效概率的估算。贝叶斯网络作为一种常用的描述事件间因果关系的方法,逐渐被用于坝群系统风险分析中。为研究上下游水库连溃问题,Li 等[118]结合贝叶斯网络与蒙特卡罗模拟方法,提出了多重风险源共同作用下相邻两个梯级水库的失效风险率计算分析方法;林鹏智等[119]借助贝叶斯网络理论,以超标洪水、上游溃坝洪水与强地震作为风险因素,分别构建了风险因素单独作用和组合作用下的坝群系统风险率估算模型;席秋义[120]考虑上游大坝对下游大坝防洪安全的影响,提出了基于大坝之间洪量关系的梯级坝群系统风险率确定方法;陈玺等[121]考虑筑坝材料变异系数影响,研究了梯级土石坝群的坝坡失稳风险率计算模型,并提出了坝群在同时受到上游溃坝洪水与地震风险作用时坝坡稳定可靠度计算方法。

梯级坝群的风险是实时变化的,为掌握梯级坝群的动态风险状态,还需进一步探究梯级坝群的实时风险率估算方法。大坝实测效应量数据能直观反映结构运行状态,且具有实时性,学者们从监测效应量数据角度,开展了大坝实时风险率计算模型构建方法的研究[122-124]。郑雪琴[64]基于统计学理论,构造了测点处效应量的大坝实时风险率估算函数,为考虑不同位置、不同监测效应量所反映结构状态的相关性,引入 Copula 函数,建立了大坝实时风险率计算模型。为确定库岸高边坡动态风险特征,陈波等[125]基于实测资料,建立了边坡变形回归模型,利用该模型计算值与实测变形值间误差服从正态分布的性质,构建了边坡实时风险率量化模型和警情状态的判定指标;Zhao 等[126]对特高拱坝变形监测点聚类分区,建立了特高拱坝同一分区测点变形变化面板数据分析模型,由此提出了特高拱坝实时风险率估算方法,通过工程案例验证了该方法的有效性;朱延涛[127]利用最大熵法,确定了实测效应量的失效临界指标,在此基础上,基于失效临界指标提出了在临界状态下的大坝实时风险率估算方法,并引入k/N系统分析模型,建立了梯级坝群实时风险率估算方法。

综上,学者们对梯级坝群失效风险率的研究已取得了一定成果,但梯级坝群失效事件相关关系的构建,以及系统失效风险率量化等问题尚需深入研究,基于实测效应量数据的梯级坝群实时风险率估算方法尚处于起步阶段。如何综合考虑不同监测效应量所反映的结构实时风险率结果,是梯级坝群实时风险率估算研究中需重点关注的问题,本书拟从上述问题入手,深入研究基于监测资料的梯级坝群实时风险率估算方法。

1.2.4 梯级坝群韧性评价研究现状

韧性评价通过量化系统遭遇危害性风险时表现出限制破坏与保持稳定的能力得以实现,与系统失效风险事件发生可能性与风险造成的后果等相关,下面在风险评价研究现状分析基础上,进一步探讨韧性评价方面的研究进展。

1.2.4.1 风险评价方法

大坝风险评价涉及评价指标建立、评价指标权重确定及评价方法的提出等方面,国内外学者在大坝风险评价方法研究方面已取得了一系列成果[128-133]。

国外开展风险评价研究的时间较早,Bowles[134]梳理了常用的风险评价框架,并探究了各评价框架的优缺点,由此提出了新建水库大坝风险评价的方法;Tosun 等[135]研究了位于土耳其地震带的 36 座大坝的风险等级(低、中、高)划分方法,并提出了高风险大坝应采取的工程措施。近年来,我国十分重视大坝风险评价问题,在原有风险评价理论基础上,发展了一系列方法[136-140],主要的风险评价方法有层次分析法、模糊综合评价法等。Ji 等[141]提出了一种基于分类回归树(Classification and Regression Tree,CART)的洪水风险评价模型,实现了主要洪水风险的因子识别和综合评估。考虑洪水风险评价指标的模糊不确定性,Zou 等[142]提出了结合云模型与博弈论的洪水风险快速评估方法,该方法通过云模型确定风险评价指标隶属度,利用博弈组合赋权方法确定指标权重,结合并行计算减少了风险评价分析所需时间,为防汛应急管理提供了技术支持。针对小型水库的风险分析及风险管理问题,方卫华等[143]提出了风险因子识别—风险等级划分—风险管理标准化的成套风险分析体系;张士辰等[144]将脆弱度与风险损失后果作为风险指数表达式中的因变量,提出了基于改进风险指数法的大坝风险排序分析方法,实现了对大坝缺陷程度的评价。

梯级坝群系统相比单座大坝更为复杂,具有更强的不确定性,在评价指标确定、评价等级划分等过程中需重点考虑系统的不确定性[145-149]。傅琼华等[150]提出了基于风险评估指数的风险评价方法,研究了大坝险度、溃坝损失和综合损失三大类评价因子,该风险评价方法为水库群除险加固排序提供了依据。为考虑水库间的水力联系,熊瑶等[151]引入模糊数学理论,确定了系统中各水库所占权重,并由此提出了梯级库群三层次模糊综合评价模型,利用该模型判定了库群系统的风险等级;刘家宏等[152]提出了梯级水电枢纽巨灾概念,在此基础上,研究了针对梯级水电枢纽风险评估问题的理论框架,构建了基于梯级水电枢纽群可能最大灾难概念的风险量化分析方法。为解决流域梯级水库群工程安全与调度安全评价的问题,史佳枫等[153]提出了流域梯级水库群安全评价模糊可拓分析模型,由此对梯级水库群安全风险进行了评价。

1.2.4.2　韧性评价方法

前文对大坝及坝群风险评价研究现状进行了总结,传统的风险评价研究主要考虑失效风险发生概率及风险造成的损失后果,其实还需对系统遭受危害性风险时的应对能力及受危害性风险影响后恢复至正常状态的能力进行评价,即韧性评价。目前鲜有针对梯级坝群系统韧性评价的报道,但在相近领域相关研究已有开展[154, 155]。在水资源系统安全分析、城市内涝灾害评价等领域,学者在传统风险分析方法基础上,开展了系统韧性评价研究[156, 157],图1.2.2给出了系统韧性与风险关系的示意图。黄刚[158]构建了电网调度中三个维度的韧性提升理论框架,以此为基础,建立了基于系统韧性提升目标函数的最优化数学模型,并提出了嵌套C&CG算法的最优调度方案确定方法。在传统灾害评价理论基础上,李正兆等[159]提出了内涝灾害发生条件下城市韧性评估指标体系,利用层次分析法确定各指标权重,建立了系统韧性层次评估模型;王红瑞等[160]探究了水资源系统风险的基本要素与特征,围绕水资源系统韧性的概念,研究了系统风险与韧性之间的联系与区别,进而提出了水资源系统韧性的组成部分及各组成部分的主要影响因素,为水资源系统韧性研究提供了理论基础。

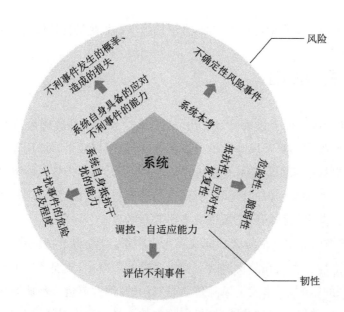

图 1.2.2　系统风险与韧性的关系

基于现代数学理论,结合系统韧性特点,学者们研究并提出了针对各领域问题特点的系统韧性评价方法[161-164]。为研究雨洪灾害下城市韧性状态,陈长坤等[165]建立了城市韧性评估指标体系,引入 Kullback-Leibler 公式,构建了基于改进逼近理想解排序方法的城市韧性评估模型,研究了某城市多年韧性状态变化规律,辨识了城市面对雨洪灾害的薄弱环节,并提出了相应的韧性提升建议;闫晨等[166]针对历史街区的防火韧性问题,构建了压力–状态–响应评估框架下的韧性评估指标体系,结合主客观赋权方法确定了各指标权重,由此评价了历史街区的防火韧性;Orencio 等[167]提出了由风险管理与减灾管理中优先因素组成的沿海城市抗灾指数,为沿海城市灾害风险管理提供了技术支撑。针对自然灾害韧性的定量评估问题,Sun 等[168]构建了基于五大恢复力影响维度的评价指标体系,引入分析网络过程(Analytic Network Process,ANP)方法,提出了流域洪水灾害恢复力的量化评估技术;Huang 等[169]为研究城市生命线系统韧性,提出了五维度属性的系统韧性指标框架,引入结合熵理论与分析网络过程的混合聚类方法,对城市生命线系统各分区的韧性进行了评价;Pavlov 等[170]在传统的供应链韧性评价模型基础上,引入涟漪效应与结构重构分析方法,构建了改进的供应链韧性评价模型,引入模糊概率理论,提出了模型中韧性系数的量化方法。

综上,梯级坝群韧性评价研究正在起步,本书拟从韧性概念出发,从评价指标

的构建、权重确定及模型建立等方面,开展梯级坝群系统韧性评价方法的研究。

1.3 问题的提出

从上述国内外研究进展可以看出,大坝风险分析的研究内容围绕失效路径挖掘、失效风险率估算及风险评价等方面展开,但研究成果多应用在单座大坝工程,梯级坝群风险来源复杂并存在传递效应,上下游大坝失效风险事件之间亦存在相关性,针对梯级坝群的风险分析研究尚处于起步阶段,分析理论和方法还需深入探究,尤其是下列问题还需进一步研究和解决。

(1)梯级坝群中上下游大坝间存在水力联系,风险将沿物理路径传播,具有叠加、传递效应。目前在分析风险对梯级坝群的影响中,主要考虑上游大坝风险对下游大坝的影响,而事实上风险传递是双向的,因此需进一步研究风险双向传递对梯级坝群的影响。与此同时,最危险失效路径的确定是风险分析的基础,目前的分析方法主要用于单座大坝失效路径的挖掘,且存在客观性不强等问题,因而,需研究和提出梯级坝群最危险失效路径的挖掘方法。

(2)梯级坝群的可能失效模式多样,不同失效模式的失效风险率分析中采用的结构功能函数形式不同,目前主要采用抽样方法对坝群超出极限状态的风险率进行估算,该方法虽然适应性较强,但计算工作量大,因此需研究适应性好且计算效率高的改进失效风险率抽样分析方法。此外,梯级坝群风险率估算中,传统分析方法将各座大坝的失效事件简化为相互独立或完全相关两种极端情况,或使用简单的相关系数表征失效事件间相关性,这与实际情况并不相符,针对该问题,需在充分反映单座大坝失效风险间相关性前提下,进一步研究并提出梯级坝群超出极限状态的风险率估算方法。

(3)梯级坝群各监测效应量的实测资料,综合反映了各单座大坝的运行状况和风险,传统的基于可靠度理论估算单座大坝失效风险率的方法,难以反映其实时服役风险程度,且未体现不同风险的组合影响,因此需研究基于效应量实测资料的实时风险率估算方法。以此为基础,考虑各单座大坝风险关联影响和系统安全冗余,进一步研究并提出梯级坝群实时风险率的估算方法。

(4)传统的梯级坝群风险评价,主要基于风险分析理论和方法,侧重研究坝群失效风险率估算及失效后果评估,而对于梯级坝群而言,韧性评价也是风险评价的重要方面,但目前在这方面的研究基础不足,因此需考虑坝群面对风险时限制破坏性和保持稳定性等方面的能力,研究并提出梯级坝群韧性的评价方法。

1.4 主要研究内容

本书在国家自然科学基金等项目的资助下,综合运用坝工知识、统计理论、系统可靠度分析方法等,开展梯级坝群风险率估算和韧性评价的方法研究,主要研究内容及技术路线如图 1.4.1 所示,具体研究内容如下。

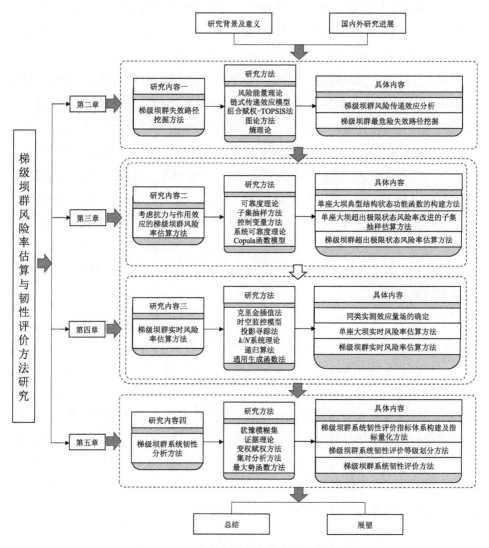

图 1.4.1 本书主要研究内容及技术路线

（1）研究不同情况下风险对单座大坝影响的表征方法，经对风险传递机制的探究，建立能刻画双向传递效应的风险链式传递模型，通过结合风险能量理论与理想解贴近度，提出传统模型中风险能量传递效应系数的量化方法。综合图论方法与深度优先搜索算法，构建梯级坝群中所有可能的失效路径集合，建立基于熵理论的梯级坝群内不同类型风险的危险性量化指标，经对单项风险危险性量化指标结果进行有机融合，基于最薄弱环节思想，提出辨识梯级坝群中最危险失效路径的方法。

（2）研究不同类型大坝的主要失效模式结构状态功能函数的构建方法，采用控制变量思想，构建单座大坝超出极限状态的风险率估算的抽样变量，提出基于控制变量－子集抽样的单座大坝超出极限状态的风险率估算方法，解决传统分析方法计算效率低的问题。以此为基础，考虑梯级坝群内单座大坝失效事件的相关性，探究梯级坝群内各大坝为串、并、混联连接形式下梯级坝群超出极限状态的风险率估算模型构建方法；为高效求解模型中联合概率分布函数，引入Copula函数，提出梯级坝群超出极限状态的失效风险率估算方法和实现技术。

（3）结合不同空间位置处的实测效应量资料，利用克里金插值方法，构建同类实测效应量场。为表征单座大坝整体结构的风险状态，基于同类实测效应量数据，构建以实测效应量值表征的单座大坝当前风险状态与超出极限状态的接近程度指标，并由此建立同类实测效应量实时风险率估算模型。综合不同类实测效应量所反映的单座大坝结构风险状态，运用投影寻踪法，提出单座大坝整体风险实时风险率估算模型。为体现梯级坝群系统的安全冗余性，引入 k/N 系统可靠度分析理论，构建梯级坝群实时风险率估算模型，综合运用全概率公式与递归思想，提出基于递归思想的梯级坝群实时风险率求解方法。

（4）为评价梯级坝群系统面对风险时限制破坏性和保持稳定性的能力，综合抵抗性、应对性与恢复性方面的影响，构建梯级坝群系统韧性评价指标体系，并提出梯级坝群系统内不同韧性评价指标的量化方法。针对梯级坝群的系统韧性评价指标及系统韧性等级划分，基于等级分界值修正系数，提出梯级坝群系统非等间距等级划分方法。运用变权赋权理论，引入韧性评价指标状态向量，研究韧性评价指标变权赋权技术；在前述研究的基础上，运用集对分析方法的思想，进一步研究并提出梯级坝群系统韧性评价方法，由此实现对梯级坝群系统韧性的评价。

第二章

梯级坝群失效路径挖掘方法

2.1 引言

梯级坝群风险具有高度不确定性,同时风险在坝群系统中沿水力联系等物理路径传播,具有叠加、传递效应。为全面了解梯级坝群的风险状态和防范可能出现的重大风险,需探明梯级坝群风险传递效应,辨识坝群最有可能的失效路径。

传统的梯级坝群中各单座大坝间风险传递效应分析,主要基于水动力数值模拟、传递效应概化模型等方法。其中,水动力数值模拟方法分析所得的风险传递效应的结果物理含义明确,但计算过程耗时长,且需要完备的水力模拟参数,影响了该方法推广应用。而常规的传递效应概化模型,仅考虑上游大坝风险对下游大坝的影响,忽略了下游大坝风险对上游大坝的影响,因此需进一步研究考虑梯级坝群上下游双向风险传递效应的分析方法。目前,梯级坝群失效路径挖掘,主要通过建立可能的失效路径集合来构建评价属性指标,利用多属性评价方法的思路确定最可能的失效路径。虽然上述方法可操作性强,但分析结果受专家经验影响较大,存在客观性不足的问题,因而还需探究更具客观性的失效路径挖掘方法。

针对上述问题,本章通过研究风险对单座大坝的影响模式,探究风险传递机制,提出风险能量传递效应系数及其量化方法,构建能刻画双向传递特征的风险链式传递效应分析模型。以此为基础,运用图论分析方法,构建梯级坝群所有可能失效路径集合,结合熵理论,建立不同类型风险危险性量化指标,考虑梯级坝群的风险能量传递效应,确定梯级坝群失效风险危险性量化指标,由此提出辨识梯级坝群中最危险失效路径的分析方法。通过工程实例的应用,验证所提出方法与模型的有效性。

2.2 梯级坝群风险传递效应分析

本节在对梯级坝群中的风险及其对单座大坝影响模式研究的基础上,结合梯级坝群内大坝间风险传递效应分析,进一步探究风险对梯级坝群的影响。

2.2.1 梯级坝群风险的特征与分类

基于风险的普适性定义与内涵,本节首先对梯级坝群中风险特性进行分析,在此基础上,进一步探究梯级坝群中风险的类别。

2.2.1.1 梯级坝群风险的特征

依据风险定义与坝工领域应用需求,单座大坝风险一般应包含以下三方面内容:①在运行中发生可能事故的类型;②发生该风险事件的概率;③风险事件发生对生命、经济、社会环境等造成的损失。根据对单座大坝风险的描述,单座大坝风险 R 可概化为如下表达式:

$$R = f(P_i, C_i) \qquad (2.2.1)$$

式中:P_i 为单座大坝中某风险 i 的发生概率;C_i 为风险 i 导致的风险事件发生后在受影响范围内造成的损失。

单座大坝风险具有普遍性、偶发性、危害性、变化性等主要特征。与单座大坝相比,梯级坝群是在特定流域范围内多座大坝以河流为连接媒介组成的坝群系统,当梯级坝群中某单座大坝受到风险因素影响引起风险事件后,风险影响效应将在单座大坝内以及单座大坝间进行传递,继而可能引发其他风险事件。因此对于梯级坝群风险 R_s,在式(2.2.1)所描述的单座大坝风险基础上,需补充风险传递效应,则 R_s 的表达式为:

$$R_s = f(R_{dj}, T_{dj}) \qquad (2.2.2)$$

式中:R_{dj} 表示梯级坝群中第 j 座大坝的风险;T_{dj} 表示第 j 座大坝的风险传递效应。

由式(2.2.2)可以看出,系统内各大坝的风险来源更加复杂、风险后果影响范围更广。总体而言,除单座大坝风险具有的主要特征外,梯级坝群风险还具有以下特性。

（1）梯级坝群内各座大坝的风险存在关联性，由于水力联系、调度行为关联等因素作用，系统内每座大坝所受风险影响效应具有扩散性，即自身大坝风险将影响上下游梯级大坝风险状态。

（2）梯级坝群风险除了考察各座大坝自身遭受的风险外，还需考虑上下游大坝风险的传递效应。因此，坝群风险的不确定性更为复杂，危害性更强。

2.2.1.2　梯级坝群风险分类

本节在国内外单座大坝失事风险资料及单座大坝风险研究成果的基础上，综合考虑梯级坝群作为整体在联合调度、管理过程中会遭遇的风险，研究梯级坝群风险组成。

（1）大坝自身风险

大坝自身风险包括坝基岩（土）体或筑坝材料性能变化，设计、施工等风险因素引发的缺陷等，表 2.2.1 归纳总结了主要的大坝自身风险。

表 2.2.1　大坝自身风险

风险因素类型	大坝自身风险
坝基性能变化	a. 基础不均匀沉陷和变形
	b. 基岩软弱面材料压碎或拉裂
	c. 基岩软弱夹层因高压渗流冲蚀发生溶蚀破坏
	d. 坝基遭水长期侵蚀，引起帷幕微细观结构发生改变、渗透性增大
筑坝材料老化	a. 迎水面侵蚀、雨水冲刷、冻融冻胀等因素导致材料安全性能降低
	b. 风化侵蚀、渗漏溶蚀、冲磨空蚀等导致材料强度和防渗能力降低
设计缺陷	a. 设计未充分考虑地震荷载或抗震标准不够
	b. 洪水设计标准偏低
	c. 溢洪道设计泄流能力不足
	d. 设计中坝基深部断层或软弱夹层未能及时发现和处理
结构缺陷	a. 重力坝：坝基面滑动失稳，坝体应力超限，坝体开裂等
	b. 拱坝：坝肩滑动失稳，坝体强度破坏，坝体开裂等
	c. 土石坝：洪水漫顶，渗透破坏，坝坡失稳等

（2）环境风险

环境风险包括自然灾害，如区域性洪水、极端降水、地震、滑坡等，也包括由外部环境荷载,如水位、温度荷载等环境风险因素诱发的风险。环境风险具有突发性、严重性、区域性等特点,环境风险一旦发生,通常对流域内多座大坝造成影响,例如,河南"75·8"大洪水造成62座大坝失效,导致了严重的失事后果。

（3）流域调度风险

流域调度风险包括在防洪调度、生态调度、兴利调度和综合调度等过程中产生的风险。例如防洪调度时,调度计划不合理或者调度反应不及时将影响整个流域内工程的正常运行,是流域梯级坝群运行中的潜在风险。再如我国现有水库调度规范大多针对单座水库,对水库群联合调度有关职责分配、计划安排等方面考虑不完备,导致流域调度职责不明确、调度计划滞后等问题,由此引发流域调度风险。

（4）流域管理风险

流域管理牵涉流域各地区利益,由于流域范围控制面积广,通常横跨多个县级、市级甚至省级管理单位,在流域管理过程中,不同单位的管理诉求、管理模式不尽相同。由以上流域管理的特点,可将流域管理风险归纳为缺乏合理统一的管理规范、各部门管理方式不协调一致等对流域梯级坝群安全所产生的危害。

（5）其他风险

除以上几大类风险外,梯级坝群运行中还可能面对如战争、恐怖袭击等突发性强且不易预测的风险。

2.2.2 风险对单座大坝的影响分析

梯级坝群由各单座大坝组成,因此下面首先研究风险对单座大坝的影响模式,为下文研究风险对坝群的影响模式提供基础。总体而言,风险对单座大坝工程的影响模式主要有串行、并行、与行和或行模式。

（1）串行模式

串行模式下,设有风险 R_1, R_2, $\cdots$, R_N 依次影响某一大坝,其影响模式如图 2.2.1 所示。

图 2.2.1 风险串行影响模式

单个风险的表达式为 $R_i(i=1, 2, \cdots, N)$，在 N 个风险的串行模式下，单座大坝受到的风险记为 R_d，R_d 的表达式为：

$$R_d = \prod_{i=1}^{N} R_i \qquad (2.2.3)$$

（2）并行模式

并行模式下，风险 $R_1, R_2, \cdots, R_N$ 将互不干扰地影响某一大坝，其影响模式如图 2.2.2 所示。

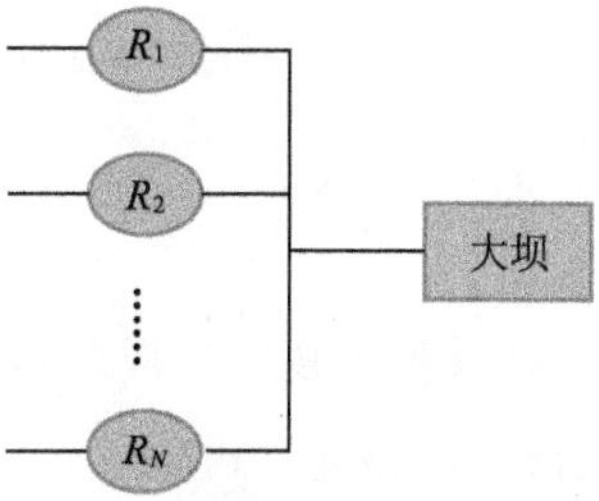

图 2.2.2 风险并行影响模式

在 N 个风险的并行模式下，大坝受到的风险记为 R_d，R_d 的表达式为：

$$R_d = \max_{i=1}^{N} R_i \qquad (2.2.4)$$

（3）与行模式

在与行模式中，风险按照一种类似扇形的形状向上影响。当下层的所有风险 $R_1, R_2, \cdots, R_N$ 都发生时，下层风险才能同时向上一层影响并作用到某一大坝，与行模式中风险 $R_1, R_2, \cdots, R_N$ 对大坝的影响模式如图 2.2.3(a)所示。

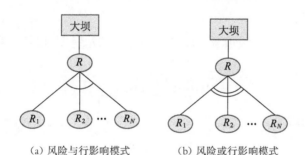

（a）风险与行影响模式　　　（b）风险或行影响模式

图 2.2.3 风险与、或行影响模式

在 N 个风险的与行模式下，大坝受到的风险 R_d 表达式为：

$$R_d = \sum_{i=1}^{N} R_i \qquad (2.2.5)$$

（4）或行模式

或行模式和与行模式类似，同样是下一层风险 $R_1, R_2, \cdots, R_N$ 按照类似扇形的形状向上传导，不同的是，或行模式表示下层风险中只要有一个发生，下层的风险就可以影响到上一层。或行模式中风险 $R_1, R_2, \cdots, R_N$ 对某一大坝的影响模式如图 2.2.3(b)。

在 N 个风险的或行模式下,大坝受到的风险 R_d 表达式为:

$$R_d \in \left[\min_{i=1}^{N} R_i, \; \max_{i=1}^{N} R_i \right] \tag{2.2.6}$$

其他更复杂的风险对单座大坝的影响模式可通过上述四种基本影响模式组合得到,在此不再赘述。

2.2.3 风险的传递机制

梯级坝群风险的传递演化过程常通过一定的物质、能量等信息予以表征,本节利用 William Haddon 提出的风险能量理论[171],从能量角度刻画风险演化过程。

梯级坝群风险传递主要涉及风险源、风险载体和风险承载体三大主体,其中,风险源是引发梯级坝群中风险事件的源头和发生风险传递的前提,风险源的强度和发生位置等特征将影响风险事件的发展过程。风险载体是梯级坝群中风险传递的媒介,是影响风险传递过程的关键,决定风险传递的效率,梯级坝群中的风险载体主要有水力作用等。风险承受体是风险的承担者,梯级坝群中的大坝是风险承受体。

图 2.2.4 给出了梯级坝群中风险传递过程的示意图,以第 i 座大坝为风险
......

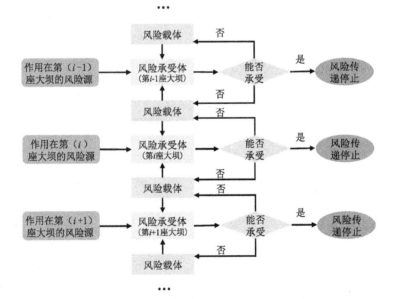

图 2.2.4　流域梯级坝群风险传递过程示意图

传递过程分析对象,风险源作用在第 i 座大坝(风险承受体)上,当风险承受体能量(E_i)超出风险承受体所能承受的能量(E_{Ri})时,风险承受体将通过风险载体传递部分能量,反之,风险源传递的能量被风险承受体吸收不再传递。对于梯级坝群中其余大坝,上述风险传递的过程分析同样适用。

经过上述关于风险传递过程的分析,风险传递的启动条件概述如下:当风险源作用在第 i 座大坝(风险承受体)后,第 i 座大坝的能量 E_i 大于该坝所能承受的能量 E_{Ri},部分能量将传递到上下游相邻梯级大坝。对于梯级坝群中第 i 座大坝,当 $E_i > E_{Ri}$,经过风险传递的作用,相邻的第 $(i-1)$、$(i+1)$ 座大坝能量记为 E'_{i-1} 与 E'_{i+1},其表达式分别为:

$$E'_{i-1} = E_{i-1} + E_{i,\,i-1} \tag{2.2.7}$$

$$E'_{i+1} = E_{i+1} + E_{i,\,i+1} \tag{2.2.8}$$

式中:$E_{i,\,i-1}$、$E_{i,\,i+1}$ 分别为第 $(i-1)$、$(i+1)$ 座大坝接收大坝 i 传递的能量。根据能量守恒原理,所传递能量 $E_{i,\,i-1}$、$E_{i,\,i+1}$ 可由下式确定,即:

$$E_{i,\,i-1} = \Delta E_{i,\,i-1} - E_l^{i,\,i-1} \tag{2.2.9}$$

$$E_{i,\,i+1} = \Delta E_{i,\,i+1} - E_l^{i,\,i+1} \tag{2.2.10}$$

式中:$\Delta E_{i,\,i-1}$、$\Delta E_{i,\,i+1}$ 分别为大坝 i 沿第 i、$(i-1)$ 座大坝间的风险载体传出的总能量与大坝 i 沿第 i、$(i+1)$ 座大坝间的风险载体传出的总能量;$E_l^{i,\,i-1}$、$E_l^{i,\,i+1}$ 分别为相应传递过程中的能量损失值。

2.2.4　风险对梯级坝群的影响分析

在风险对单座大坝的影响模式与风险传递机制研究的基础上,本节进一步探究风险对梯级坝群的影响。

2.2.4.1　风险链式传递效应分析模型

梯级坝群中的风险具有链式传递效应[172],表现为系统内大坝的部分风险会通过梯级坝群系统内的关联因素与上下游相邻大坝风险发生传递、叠加。

图 2.2.5 为梯级坝群风险双向链式传递效应示意图,图 2.2.5 中 $R_{d1} \sim R_{d4}$ 分别表示在梯级坝群系统内的四座大坝的风险,$t_{ij}(i=1 \sim 4; j=1 \sim 4)$ 表示第 i,j 座大坝间的风险链式传递效应系数。

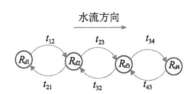

图 2.2.5　流域梯级坝群风险双向链式效应示意图

对于坝群内部的大坝 $i(i=1, 2, \cdots, N)$，不考虑梯级坝群内的风险链式传递效应时，将各大坝的风险记作初始风险 $R_{di}^0(i=1, 2, \cdots, N)$，由各大坝的初始风险组成梯级坝群的初始风险向量，记作 $\boldsymbol{R}^0$，$\boldsymbol{R}^0$ 的表达式为：

$$\boldsymbol{R}^0 = (R_{d1}^0, R_{d2}^0, \cdots, R_{dN}^0) \qquad (2.2.11)$$

在梯级坝群的初始风险向量 $\boldsymbol{R}^0$ 基础上，为表征流域内相邻的两座大坝之间存在的风险链式传递现象，构造梯级坝群风险链式传递矩阵 $\boldsymbol{T}=[t_{ij}]_{N\times N}$，表达式如下：

$$\boldsymbol{T}=(t_{ij})_{N\times N}=\begin{bmatrix} t_{11} & t_{12} & & & 0 \\ t_{21} & t_{22} & t_{23} & & \\ & t_{32} & \ddots & & \ddots \\ & & \ddots & \ddots & t_{(N-1)N} \\ 0 & & & t_{N(N-1)} & t_{NN} \end{bmatrix} \qquad (2.2.12)$$

式中：t_{ij} 为风险链式传递矩阵元素，用于表征大坝 i 对大坝 j 的风险链式传递效应，$t_{ij}\in[0,1]$。在梯级坝群中，风险链式传递矩阵元素 $t_{ij}(i<j)$ 表示风险传递方向为由上游大坝传向下游大坝，风险链式传递矩阵元素 $t_{ij}(i>j)$ 表示风险传递方向为由下游大坝传向上游大坝，$t_{ii}=1$。

经对风险链式传递效应表征的研究，考虑相邻大坝风险链式传递效应的梯级坝群风险向量可表示为：

$$\boldsymbol{R}^{(1)}=\boldsymbol{R}^0\boldsymbol{T}=(R_{d1}^0, R_{d2}^0, \ldots, R_{dN}^0)\begin{bmatrix} t_{11} & t_{12} & & & 0 \\ t_{21} & t_{22} & t_{23} & & \\ & t_{32} & \ddots & & \ddots \\ & & \ddots & \ddots & t_{(N-1)N} \\ 0 & & & t_{N(N-1)} & t_{NN} \end{bmatrix} \qquad (2.2.13)$$

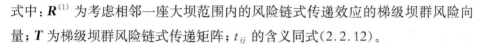

式中：$R^{(1)}$ 为考虑相邻一座大坝范围内的风险链式传递效应的梯级坝群风险向量；T 为梯级坝群风险链式传递矩阵；t_{ij} 的含义同式(2.2.12)。

进一步考虑上下游相邻两座大坝范围内的风险链式传递效应，此时梯级坝群风险向量为：

$$R^{(2)} = R^{(1)}T = R^{0}T^{2} \qquad (2.2.14)$$

式中：$R^{(2)}$ 为考虑相邻两座大坝范围内的风险链式传递效应的梯级坝群风险向量；T、t_{ij} 的含义同式(2.2.12)。

依次类推，考虑坝群系统内上下游相邻 $k(k < N)$ 座大坝范围内的风险链式传递效应条件下，梯级坝群风险向量 $R^{(k)}$ 为：

$$R^{(k)} = R^{(k-1)}T = R^{(k-2)}TT = \cdots = R^{0}T^{k} \qquad (2.2.15)$$

根据上述分析，梯级坝群风险链式传递效应分析的关键在于研究梯级坝群风险链式传递矩阵内元素 t_{ij} 的确定方法。

2.2.4.2 传递效应系数的确定

为确定 2.2.4.1 节中风险链式传递矩阵元素，本节利用能量传递效率表征风险链式传递效应强弱，设梯级坝群风险能量传递效应系数为 t_{ij}，其表达式为：

$$t_{ij} = \frac{E_{i,j}}{E_i} \qquad (2.2.16)$$

式中：$E_{i,j}$ 为由大坝 i 通过传递媒介传递给大坝 j 的能量；E_i 为未考虑风险传递时大坝 i 的能量。

由式(2.2.16)可知，流域梯级坝群上下游大坝之间的风险链式传递效应与风险传递源头的能量、能量传递的沿程损失等因素有关，下面将研究风险能量传递效应相关影响因素指标体系结构，并由此提出风险能量传递效应系数 t_{ij} 的确定方法。

（1）梯级坝群风险能量传递效应量化指标体系及权重确定

根据梯级坝群风险能量传递效应的特点，本书构建了如图 2.2.6 所示的梯级坝群风险能量传递效应量化指标体系。指标体系具体组成如下：指标体系的第一层建立风险能量传递效应与风险传递源头能量、能量传递沿程损失的联系；由第一层指标向下深化，风险传递源头能量主要指水库水体势能，故其主要与水库库容及蓄水高程有关,能量传递沿程损失主要来自河道消能等作用,如摩擦消能与冲击消能,其主要与河道底部粗糙度和河道蜿蜒程度等因素有关,相应的指标分别为河道糙率、河道长度、河道宽度以及河道蜿蜒系数。

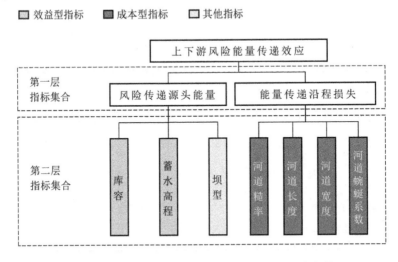

图 2.2.6 梯级坝群风险能量传递效应系数量化指标体系

图 2.2.6 所示的各风险能量传递效应量化指标对风险能量传递效应系数有不同程度的影响,为此需进一步研究各风险能量传递效应量化指标的权重确定方法。指标赋权方法有主观赋权法和客观赋权法两大类[173, 174],为协调风险能量传递效应量化指标的主、客观权重,本书基于博弈论[175]的组合赋权方法思想,解决图 2.2.6 中风险能量传递效应量化指标的赋权问题,该方法具体实现步骤如下。

步骤 1:构造风险能量传递效应量化指标组合权重向量 $\overline{W}$。使用层次分析主观赋权法和 CRITIC 客观赋权法[176],分别计算风险能量传递效应指标权重,基于两种指标权重结果,构造基本权重矩阵 $W_{L \times N} = [\boldsymbol{\omega}_{k1}, \boldsymbol{\omega}_{k2}, \cdots, \boldsymbol{\omega}_{kN}]$ $(k=1, 2, \cdots, L)$,N 为待赋权风险能量传递效应量化指标数量,L 为赋权方法数目。设 $\boldsymbol{\lambda}_{1 \times L} = [\lambda_1, \lambda_2, \cdots, \lambda_L]$ 为风险能量传递效应量化指标权重组合系数,则构造风险能量传递效应量化指标组合权重向量 $\overline{W}$ 为:

$$\overline{W} = \sum_{k=1}^{L} \lambda_k \boldsymbol{\omega}_k^{\mathrm{T}} \qquad (2.2.17)$$

步骤2：确定风险能量传递效应量化指标权重组合系数 $\lambda_k(k=1,2,\cdots,L)$。以 $\overline{W}$ 与 ω_k 之间的离差最小化为目标，求解权重组合系数 λ_k，最小化目标函数表达式为：

$$\min \left\| \sum_{k=1}^{L} \lambda_k \omega_k^{\mathrm{T}} - \omega_k^{\mathrm{T}} \right\| \tag{2.2.18}$$

通过求导，式(2.2.18)可转化为如下线性方程组：

$$\begin{bmatrix} \omega_1 \cdot \omega_1^{\mathrm{T}} & \omega_1 \cdot \omega_2^{\mathrm{T}} & \cdots & \omega_1 \cdot \omega_L^{\mathrm{T}} \\ \omega_2 \cdot \omega_1^{\mathrm{T}} & \omega_2 \cdot \omega_2^{\mathrm{T}} & \cdots & \omega_2 \cdot \omega_L^{\mathrm{T}} \\ \vdots & \vdots & \ddots & \vdots \\ \omega_L \cdot \omega_1^{\mathrm{T}} & \omega_L \cdot \omega_2^{\mathrm{T}} & \cdots & \omega_L \cdot \omega_L^{\mathrm{T}} \end{bmatrix} \begin{bmatrix} \lambda_1 \\ \lambda_2 \\ \vdots \\ \lambda_L \end{bmatrix} = \begin{bmatrix} \omega_1 \cdot \omega_1^{\mathrm{T}} \\ \omega_2 \cdot \omega_2^{\mathrm{T}} \\ \vdots \\ \omega_L \cdot \omega_L^{\mathrm{T}} \end{bmatrix} \tag{2.2.19}$$

根据高斯消元法求解式(2.2.19)线性方程组，即可求解得到权重组合系数 λ_k。

步骤3：确定组合赋权向量结果 $\boldsymbol{W}^*$。计算组合系数 λ_k 归一化后的结果 λ_k^*，由式(2.2.17)得到风险能量传递效应量化指标组合权重向量 $\boldsymbol{W}^*$ 的表达式为：

$$\boldsymbol{W}^* = \sum_{k=1}^{L} \lambda_k^* \omega_k^{\mathrm{T}} \tag{2.2.20}$$

(2) 梯级坝群风险能量传递效应量化方法

本书利用理想解贴近度对风险能量传递效应进行表征，研究待分析路径的风险能量传递效应量化指标向量与正负理想解向量的贴近程度，由此确定风险能量传递效应系数 t_{ij}。待分析路径的风险能量传递效应量化指标越接近正理想解，则该路径的风险能量传递效应系数越接近 0。基于上述思路，梯级坝群风险能量传递效应的量化过程如下。

步骤1：确定风险能量传递效应量化指标数值。根据图 2.2.6 所示的风险能量传递效应量化指标，研究并确定梯级坝群中各路径上的指标数值，第 i 条路径中第 j 个指标值记为 e_{ij}。

基于工程资料直接确定库容 V、蓄水高程 H 及坝型量化指标数值，依据典型河道断面设计参数确定路径上的河道糙率 n、河道长度 l 及河道宽度 w 指标数值。利用路径河道两端间河道长度 l_r 与两端点直线长度 l_s 的比值，来刻画河

道蜿蜒系数指标 ξ，ξ 的表达式为：

$$\xi = \frac{l_r}{l_s} \tag{2.2.21}$$

由式（2.2.21）可知，ξ 越大，路径河道蜿蜒程度更大。

步骤 2：构造加权风险能量传递效应量化指标矩阵。基于步骤 1 中风险能量传递效应量化指标数值 e_{ij}，构造矩阵 $\boldsymbol{E} = [e_{ij}]_{M \times N}$，矩阵 $\boldsymbol{E}$ 的表达式为：

$$\boldsymbol{E} = \begin{bmatrix} e_{11} & \cdots & e_{1N} \\ \vdots & \ddots & \vdots \\ e_{M1} & \cdots & e_{MN} \end{bmatrix} \tag{2.2.22}$$

对式（2.2.22）所示的矩阵 $\boldsymbol{E}$ 中元素进行标准化处理，得到标准化的风险能量传递效应量化指标矩阵，记作 $\boldsymbol{U} = [u_{ij}]_{M \times N}$，矩阵 $\boldsymbol{U}$ 内各元素表达式为：

$$u_{ij} = e_{ij}/e_j^* \tag{2.2.23}$$

式中：e_j^* 为风险能量传递效应量化指标矩阵 $\boldsymbol{E}$ 中第 j 列向量中各元素的最大值。

利用式（2.2.20）确定的第二层指标权重结果 $\boldsymbol{W}^*$，计算加权风险能量传递效应量化指标矩阵 $\boldsymbol{D} = [d_{ij}]_{M \times N}$，其表达式为：

$$\boldsymbol{D} = \boldsymbol{W}^{*T}\boldsymbol{U} = \begin{bmatrix} \omega_1 \\ \vdots \\ \omega_M \end{bmatrix}^T \begin{bmatrix} u_{11} & \cdots & u_{1N} \\ \vdots & \ddots & \vdots \\ u_{M1} & \cdots & u_{MN} \end{bmatrix} \tag{2.2.24}$$

步骤 3：确定风险能量传递效应的正负理想解向量。选取加权风险能量传递效应量化指标矩阵 $\boldsymbol{D}$ 中各指标向量 $d_j (j=1,2,\cdots,N)$ 中各效益型指标的最大值、各成本型指标的最小值，构造风险能量传递效应量化指标的正理想解向量 $\boldsymbol{d}^+$，$\boldsymbol{d}^+$ 的表达式如下：

$$\begin{aligned} \boldsymbol{d}^+ &= \{(\max d_{ij} \mid j \in J), (\min d_{ij} \mid j \in J') \mid j=1,2,\cdots,N\} \\ &= \{d_1^+, d_2^+, \cdots, d_N^+\} \end{aligned} \tag{2.2.25}$$

式中：J，J' 分别为效益型指标集合与成本型指标集合，根据图 2.2.6 所示的量化指标类型，效益型指标包括库容与蓄水高程，成本型指标包括河道糙率、长度、宽度与蜿蜒系数。

相应地,加权风险能量传递效应量化指标矩阵 **D** 中各指标向量 $\boldsymbol{d}_j (j = 1,$
$2, \cdots, N)$ 中效益型指标取最小值、成本型指标取最大值,据此构造风险能量传
递效应量化指标的负理想解向量 $\boldsymbol{d}^-$, $\boldsymbol{d}^-$ 的表达式如下:

$$\boldsymbol{d}^- = \{(\min d_{ij} \mid j \in J), (\max d_{ij} \mid j \in J') \mid j = 1, 2, \cdots, N\}$$
$$= \{d_1^-, d_2^-, \cdots, d_N^-\} \tag{2.2.26}$$

式中:J,J' 的含义与选取方法同式(2.2.25)。

步骤 4:计算待分析路径风险能量传递效应量化指标向量到正、负理想解的
距离。本书建立风险能量传递效应量化指标向量 $\boldsymbol{d}_i$ 到正、负理想解向量 $\boldsymbol{d}^+$ 与
$\boldsymbol{d}^-$ 的向量夹角余弦距离表达式 $\mathrm{sim}_i^+(\boldsymbol{d}_i, \boldsymbol{d}^+)$,$\mathrm{sim}_i^-(\boldsymbol{d}_i, \boldsymbol{d}^-)$,表达式分别为:

$$\mathrm{sim}_i^+(\boldsymbol{d}_i, \boldsymbol{d}^+) = \cos_i^+ \theta = \frac{\boldsymbol{d}_i \cdot \boldsymbol{d}^+}{\|\boldsymbol{d}_i\| \times \|\boldsymbol{d}^+\|} \tag{2.2.27}$$

$$\mathrm{sim}_i^-(\boldsymbol{d}_i, \boldsymbol{d}^-) = \cos_i^- \theta = \frac{\boldsymbol{d}_i \cdot \boldsymbol{d}^-}{\|\boldsymbol{d}_i\| \times \|\boldsymbol{d}^-\|} \tag{2.2.28}$$

式中:$\boldsymbol{d}_i$ 为第 i 条路径的风险能量传递效应量化指标向量,由式(2.2.24)确定。

步骤 5:基于式(2.2.27)至式(2.2.28)中待分析路径风险能量传递效应量
化指标向量到正、负理想解的距离,构造风险能量传递效应量化指标向量与正负
理想解向量的相对贴近度 G_i。G_i 用于表征梯级坝群路径 i 的风险能量传递效
应系数,G_i 的表达式为:

$$G_i = \frac{\mid \mathrm{sim}_i^+(\boldsymbol{d}_i, \boldsymbol{d}^+) \mid}{\mid \mathrm{sim}_i^+(\boldsymbol{d}_i, \boldsymbol{d}^+) \mid + \mid \mathrm{sim}_i^-(\boldsymbol{d}_i, \boldsymbol{d}^-) \mid} \tag{2.2.29}$$

2.3 梯级坝群最危险失效路径挖掘

上文对风险在单座大坝与梯级坝群间影响效应模式进行了探究,以此为基
础,本节研究梯级坝群最危险失效路径的确定方法。梯级坝群最危险失效路径
的确定需要解决下列两个问题:一是确定梯级坝群中所有可能发生失效事件的
路径;二是构造失效路径危险性量化指标。下面研究上述两个问题的解决方法。

2.3.1 梯级坝群可能失效路径的确定方法

梯级坝群系统可视为一种网络结构,网络图是表征实体和实体间关系的工

具,在金融系统、电子设计等领域中被广泛应用[177]。本节基于图论方法构建梯级坝群网络,在此基础上,利用路径搜索算法确定坝群内所有可能的失效路径。

依据图论相关概念所构建的梯级坝群网络是一个有向图 $G(V,E)$,如图 2.3.1 所示,其中 G 表示网络,V 是网络中的结点集合,每个结点 $v \in V$ 代表坝群系统中的一座大坝。E 是有向边的集合,每条边 $e \in E$ 代表一条水力联系,方向由水力联系上游端指向水力联系下游端。

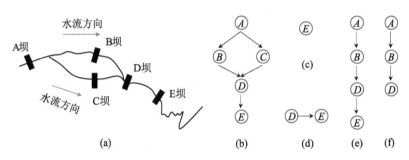

图 2.3.1 梯级坝群失效路径表示

图 2.3.1(b)是以图 2.3.1(a)中梯级坝群为例建立的网络图,图 2.3.1(c)表示梯级坝群网络图的一个结点,图 2.3.1(d)表示结点之间存在的一条水力联系。

在梯级坝群网络 $G(V,E)$ 中,有任意两大坝结点 v_i 与 v_j,v_i 与 v_j 间的所有连通路径称为可能失效路径,记为 c_k,其表达式为:

$$c_k = \{(v^{(k)}, e^{(k)})\} \tag{2.3.1}$$

式中:$v^{(k)}$ 为第 k 条失效路径上的大坝结点;$e^{(k)}$ 为第 k 条失效路径上的水力联系。

图 2.3.1(e)表示梯级坝群中的一条失效路径,当大坝结点 A 发生失效风险,风险将依次沿水力联系(边)A—B、B—D、D—E 传递至大坝结点 E,形成 A—B—D—E 的一条失效路径。当某一大坝能吸收自身与来自媒介传递的能量,风险能量传递在此处终止,例如原失效路径 A—B—D—E 中,当大坝结点 D 能够承载自身以及来自路径中的风险能量,未发生失效事件,风险失效路径将在此处终止,则最终失效路径为 A—B—D,如图 2.3.1(f)所示。

为综合考虑梯级坝群内大坝风险发生、传递的各种可能,下面依据图论确定任意两结点间所有可达路径的深度优先搜索算法(Depth First Search,DFS),以

图 2.3.2(a)中的梯级坝群网络图为例,研究梯级坝群网络中所有失效路径的确定过程,具体实现步骤如下。

步骤 1:构建梯级坝群网络图的数据结构,包括各座大坝组成的结点集合与反映大坝间水力联系的邻接矩阵等。对每个大坝结点创建对象,其数据结构包括大坝结点名称、是否被访问过、由本大坝结点访问的下一个大坝结点的集合。

步骤 2:遍历并保存梯级坝群中所有可能作为大坝起始结点 $n_{s,k}$ 与终止结点 $n_{e,k}$ 的组合。

步骤 3:输入起始结点 $n_{s,k}$ 与终止结点 $n_{e,k}$ 的大坝组合,将大坝结点 $n_{s,k}$ 设置为已访问状态,并作为第一个入栈的大坝结点。

步骤 4:根据邻接矩阵查找栈顶大坝结点(记为 V)是否有可以到达、没有入栈、且没有从大坝结点 V 出发访问过的其他大坝结点。如果有,将该大坝结点入栈;如果没有,将大坝结点 V 访问到的下一个大坝结点的集合内每个元素赋为 0,大坝结点 V 出栈。

步骤 5:当栈顶大坝结点为 $n_{e,i}$ 时,输出栈中所有的大坝结点,记为 c_k,为梯级坝群网络中一条可能的失效路径,栈顶大坝结点出栈。

步骤 6:重复执行步骤 4 至步骤 5,直到栈中大坝结点为空。

步骤 7:重复执行步骤 3 至步骤 6,直至遍历梯级坝群网络图中所有的大坝起始结点 $n_{s,i}$ 与终止结点 $n_{e,i}$ 组合。

图 2.3.2(c)中给出了步骤 3 至步骤 5 中的栈数据结构及数据进、出栈方式。

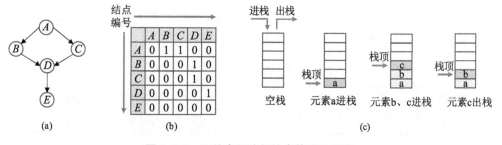

图 2.3.2 两结点间路径搜索算法示意图

根据上述步骤,得到梯级坝群网络图中任意两大坝结点间的可能失效路径,即梯级坝群所有可能失效路径,在此基础上,下面进一步研究梯级坝群内最危险失效路径的确定方法。

2.3.2 最危险失效路径的确定方法及流程

2.3.1 节探究了梯级坝群内所有可能失效路径的确定方法,为进一步挖掘梯级坝群内的最危险失效路径,本节研究并提出失效路径危险性的量化指标构建方法,由此确定最危险失效路径。

2.3.2.1 失效路径危险性量化指标构建方法

令梯级坝群中某可能失效路径为 $c_k(k=1, 2, \cdots, M)$,c_k 由 N_k 座大坝组成,为研究坝群内可能失效路径 c_k 的危险性,在单座大坝危险性量化指标 $H_i(i=1, 2, \cdots, N_k)$ 的基础上,构建失效路径 c_k 的危险性量化指标 H_{sk},其表达式为:

$$H_{sk}=f(H_1, H_2, \cdots, H_i, \cdots, H_{N_k}) \tag{2.3.2}$$

由式(2.3.2)可知,确定 H_{sk} 的关键在于确定可能失效路径 c_k 内各座大坝的危险性量化指标 $H_i(i=1, 2, \cdots, N_k)$。根据 2.2.1 节中对单座大坝风险的定义,本节从大坝所受外来风险发生的可能性与后果严重性角度,构建单座大坝危险性的量化指标 H_i,其表达式为:

$$H_i=\sum_{j=1}^{W}H_{ij}(x_{ij}) \tag{2.3.3}$$

$$H_{ij}=g(Q_{ij}, P_{ij}) \tag{2.3.4}$$

式中:x_{ij} 为第 i 座大坝中第 j 项风险;H_{ij} 为第 i 座大坝中第 j 项风险的危险性量化指标;W 为风险的项数;Q_{ij} 为第 i 座大坝中第 j 项风险 x_{ij} 的严重性水平,根据表 2.3.1 给出的严重性水平定性定量转换表确定;P_{ij} 为第 i 座大坝中第 j 项风险 x_{ij} 发生的概率。

表 2.3.1 严重性水平定性定量转换表

定性描述	轻微	一般	严重	相当严重	极其严重
定量	$[0, 0.2]$	$(0.2, 0.4]$	$(0.4, 0.6]$	$(0.6, 0.8]$	$(0.8, 1.0]$

在单座大坝危险性量化指标 H_i 构建结果的基础上,考虑梯级坝群内大坝风险受到上下游大坝风险链式传递效应的影响,利用 2.2.4.2 节中风险能量传递效应系数结果,建立梯级坝群内的大坝危险性量化指标 $H_{i'}$ 的表达式为:

$$H_{i'}=H_i+t_{i-1, i} \cdot H_{i-1}+t_{i+1, i} \cdot H_{i+1} \tag{2.3.5}$$

式中：$H_{i'}$ 为考虑上下游大坝的风险链式传递效应后在可能失效路径 c_k 上，第 i 座大坝的危险性量化指标结果；$t_{i-1,i}$，$t_{i+1,i}$ 分别为可能失效路径 c_k 上，第 $i-1$ 座大坝与第 i 座大坝之间、第 $i+1$ 座大坝与第 i 座大坝之间的风险能量传递效应系数，由 2.2.4.2 节中式(2.2.29)确定。

在考虑梯级坝群内上下游大坝间风险链式传递效应条件下，可能失效路径 c_k 危险性量化指标 H_{sk} 为：

$$H_{sk} = f(H_{1'}, H_{2'}, \cdots, H_{i'}, \cdots, H_{N_k'}) \qquad (2.3.6)$$

式中：$H_{i'}(i=1, 2, \cdots, N_k)$ 由式(2.3.5)确定。

由以上分析可知，在可能失效路径危险性量化指标构建过程中，求解式(2.3.4)中的大坝各单项风险危险性量化指标结果是关键。梯级坝群内大坝的风险来源繁多，本书根据风险不确定性类型，将梯级坝群内大坝风险分为随机风险、模糊风险与灰色风险，在此基础上，利用熵理论[178]，提出梯级坝群中大坝不同类型单项风险危险性量化指标的构建方法。

(1) 大坝随机风险危险性量化指标

区域性洪水、极端降水、地震等是随机风险因素，其分布可通过多年的监测资料构建，由此引发的风险属于大坝随机风险。根据梯级坝群内大坝随机风险的可能取值是否可逐个列举，将其分为连续型和离散型两大类。结合熵理论，本节构建梯级坝群内第 i 座大坝连续型随机风险危险性量化指标，记作 $H_i^s(x)$，相应的表达式为：

$$H_i^s(x) = -\int_{-\infty}^{+\infty} q(x)f(x)\ln[q(x)f(x)]\mathrm{d}x \qquad (2.3.7)$$

式中：$f(x)$ 为梯级坝群内大坝连续型随机风险 x 的概率密度函数；$q(x)$ 为梯级坝群内大坝连续型随机风险 x 的后果严重性函数，由表 2.3.1 确定。

由式(2.3.7)可知，$H_i^s(x)$ 在量化过程中，需要确定随机风险 x 的概率密度函数 $f(x)$。根据统计学理论，常用于描述随机变量分布规律的函数有正态分布、对数正态分布、伽马分布等，例如梯级坝群中的荷载风险，通常认为其服从正态分布或者对数正态分布。对于服从正态分布的梯级坝群内大坝随机风险 x，其概率密度函数 $f(x)$ 的表达式为：

$$f(x) = \frac{1}{\sqrt{2\pi}\sigma}\exp\left[\frac{-(x-\mu)^2}{2\sigma^2}\right] \qquad (2.3.8)$$

式中：σ^2 为梯级坝群内大坝随机风险 x 的样本方差；μ 为梯级坝群内大坝随机风险 x 的样本均值。

除正态分布外，梯级坝群内大坝随机风险 x 还可能服从其他概率分布形式，表 2.3.2 给出了常用的大坝随机风险概率密度函数 $f(x)$ 的表达式。

梯级坝群内大坝随机风险概率密度函数形式不限于表 2.3.2 所列举。表 2.3.2 中各概率密度函数中待求参数，主要通过极大似然估计法、矩阵法等方法确定，具体流程参见相关文献[179, 180]。

对于梯级坝群内大坝离散型随机风险危险性量化指标 $H_i^s(x)$，式(2.3.7)退化为：

$$H_i^s(x) = -K\sum_{j=1}^{N} q(x_j)p(x_j)\ln\left[q(x_j)p(x_j)\right] \qquad (2.3.9)$$

式中：K 为常数；$p(x_j)$ 为梯级坝群内大坝离散型随机风险 x 处于第 j 个等级的概率，$p(x_j)$ 满足 $\sum_{i=1}^{N} p(x_j)=1$；$q(x_j)$ 为离散型随机风险 x 处于第 j 个等级的后果严重性函数值；N 为梯级坝群内大坝随机风险 x 的等级个数。

表 2.3.2　常用的大坝随机风险概率密度函数表达式

序号	函数名称	概率密度函数
1	伽马分布	$f(x,\mu,\sigma)\dfrac{1}{\mu^\sigma\Gamma(\sigma)}x^{\sigma-1}\exp\left(-\dfrac{x}{\mu}\right)$
2	对数正态分布	$f(x,\mu,\sigma)=\begin{cases}\dfrac{1}{x\sqrt{2\pi\sigma}}\exp\left[-\dfrac{(\ln x-\mu)^2}{2\sigma^2}\right], & x>0\\ 0, & x\leqslant 0\end{cases}$
3	极值Ⅰ型分布	$f(x,\mu,\sigma)=\dfrac{1}{\sigma}\exp\left[-\dfrac{x-\mu}{\sigma}-\exp\left(-\dfrac{x-\mu}{\sigma}\right)\right]$

(2) 大坝模糊风险危险性量化指标

由 2.2.1.2 节可知，大坝自身风险中如闸门老化、洪水设计标准偏低等引起的风险，以及流域调度风险和因不一致的管理规范等引起的流域管理风险等，属于有模糊特性的一类风险。

梯级坝群内大坝模糊风险无随机变化特性，难以构造随机统计量。为刻画梯级坝群内大坝模糊风险危险性，本节基于模糊数学理论[181]，探究梯级坝群内大坝模糊风险危险性量化指标构建方法。

设 ξ 为梯级坝群内大坝模糊风险因素，A_j 为定义在 ξ 上的大坝模糊风险子集，则 ξ 所属大坝模糊风险子集 A_j 的隶属度函数 $A_j(\xi)$ 的表达式为：

$$A_j(\xi) = \sum_{j=1}^{N} \frac{\mu_j}{\xi} \qquad (2.3.10)$$

式中：$\dfrac{\mu_j}{\xi}$ 表示梯级坝群内大坝模糊风险因素 ξ 属于大坝模糊风险子集 A_j 的隶属度函数值；N 为大坝模糊风险子集的个数。

与大坝随机风险危险性量化指标形式相似，梯级坝群内第 i 座大坝连续型模糊风险危险性量化指标 $H_i^f(x)$ 的计算表达式为：

$$H_i^f(\xi) = \frac{\sum\limits_{j=1}^{N} q(\xi) \int_{-\infty}^{+\infty} S(\mu_j) \mathrm{d}x}{N} \qquad (2.3.11)$$

式中：$q(\xi)$ 为梯级坝群内大坝连续型模糊风险因素 ξ 的后果严重性函数；N 的含义同式(2.3.10)。基于熵理论，式(2.3.11)中 $S(\mu_j)$ 表示为：

$$S(\mu_j) = -\mu_j \ln \mu_j - (1 - \mu_j) \ln(1 - \mu_j) \qquad (2.3.12)$$

式中：μ_j 的含义与式(2.3.10)相同。

在模糊风险危险性量化指标计算过程中，关键是确定梯级坝群内大坝模糊风险因素与模糊风险子集对应的隶属度函数 $A_j(\xi)$。隶属度函数常用形式有矩形分布、梯形分布与抛物线型分布等，其中，梯形分布形式隶属度函数应用最为广泛。因此，本书利用梯形分布对式(2.3.10)进行量化，相应的隶属度函数表达式如下：

① 偏小型

$$A_j(\xi) = \begin{cases} 1 & \xi < a_j \\ \dfrac{b_j - \xi}{b_j - a_j} & a_j \leqslant \xi \leqslant b_j \\ 0 & \xi > b_j \end{cases} \qquad (2.3.13)$$

式中：ξ 为流域梯级坝群内大坝模糊风险因素；a_j，b_j 分别为 ξ 隶属于第 j 个大坝模糊风险子集的边界值。

② 偏大型

$$A_j(\xi) = \begin{cases} 0 & \xi < a_j \\ \dfrac{\xi - a_j}{b_j - a_j} & a_j \leqslant \xi \leqslant b_j \\ 1 & \xi > b_j \end{cases} \qquad (2.3.14)$$

式中：ξ，a_j，b_j 的含义同式(2.3.13)。

③ 中间型

$$A_j(\xi) = \begin{cases} 0 & \xi < a_j \\ \dfrac{\xi - a_j}{b_j - a_j} & a_j \leqslant \xi < b_j \\ 1 & b_j \leqslant \xi < c_j \\ \dfrac{d_j - \xi}{d_j - c_j} & c_j \leqslant \xi < d_j \\ 0 & \xi \geqslant d_j \end{cases} \qquad (2.3.15)$$

式中：ξ 的含义同式(2.3.13)；b_j，c_j 分别为 ξ 隶属于第 j 个大坝模糊风险子集的边界值；a_j，d_j 分别为 ξ 隶属于第 j 个大坝模糊风险子集相邻模糊风险子集的分界值。

图 2.3.3(a)—(c)给出了三种梯形分布隶属度函数形状，分别对应式(2.3.13)至式(2.3.15)。计算大坝模糊风险危险性量化指标时，通过隶属度函数值与模糊风险因素间变化关系确定梯形分布隶属度函数形式。当隶属度函数值随模糊风险因素 ξ 增加而增加时，应选用偏大型隶属度函数；当隶属度函数值随模糊风险因素 ξ 增加而减少时，应选用偏小型隶属度函数；若隶属度函数值

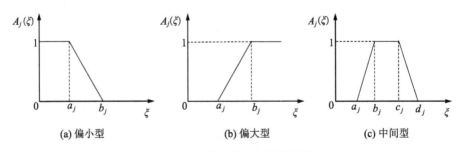

(a) 偏小型   (b) 偏大型   (c) 中间型

图 2.3.3　梯形分布隶属度函数

随模糊风险因素 ξ 越接近某一最佳值而增加时,选用中间型隶属度函数。

对于梯级坝群内大坝离散型模糊风险危险性量化指标 $H_i^f(x)$,其计算表达式为:

$$H_i^f(x) = \frac{K \sum_{j=1}^{N} S(\mu_j)}{N} \qquad (2.3.16)$$

式中:K 为常数;$S(\mu_j)$ 的含义同式(2.3.12);N 的含义同式(2.3.10)。

(3) 大坝灰色风险危险性量化指标

由 2.2.1.2 节分析可知,梯级坝群内大坝风险可能同时包含确定性和不确定性信息,例如自身风险类别中的基础不均匀沉降和变形、帷幕渗透性增大等风险。针对上述情况,本节采用区间形式隶属度表征梯级坝群内大坝灰色风险中不可确定部分。

设 $\xi \in [\underline{\xi}, \overline{\xi}]$ 为梯级坝群内大坝灰色风险因素,A_j 为定义在 ξ 上大坝灰色风险子集,根据区间灰数理论[182],则 ξ 属于大坝灰色风险子集 A_j 的隶属度函数 $A_j(\xi)$ 的表达式为:

$$A_j(\xi) \in \left[\sum_{j=1}^{N} \frac{\underline{\mu_j}}{\underline{\xi}}, \ \sum_{j=1}^{N} \frac{\overline{\mu_j}}{\overline{\xi}} \right] \qquad (2.3.17)$$

式中:$\frac{\underline{\mu_j}}{\underline{\xi}}$、$\frac{\overline{\mu_j}}{\overline{\xi}}$ 分别为梯级坝群内大坝灰色风险因素 $\underline{\xi}$、$\overline{\xi}$ 属于大坝灰色风险子集 A_j 的隶属度函数值 $A_j(\xi)$,记为上、下隶属度函数值,具体确定过程与模糊风险因素隶属度函数值的确定过程一致;N 为大坝灰色风险子集个数。

与模糊风险危险性量化指标形式相似,梯级坝群内大坝连续型灰色风险危险性量化指标 $H_i^g(x)$ 的计算表达式为:

$$H_i^g(x) = \frac{\int_{-\infty}^{+\infty} S(\underline{\mu_j}) \mathrm{d}x + \int_{-\infty}^{+\infty} S(\overline{\mu_j}) \mathrm{d}x}{2} \qquad (2.3.18)$$

其中:

$$S(\underline{\mu_j}) = -\underline{\mu_j} \ln \underline{\mu_j} - (1 - \underline{\mu_j}) \ln(1 - \underline{\mu_j}) \qquad (2.3.19)$$

$$S(\bar{\mu}_j) = -\bar{\mu}_j \ln \bar{\mu}_j - (1 - \bar{\mu}_j) \ln(1 - \bar{\mu}_j) \quad (2.3.20)$$

式中：$\underline{\mu}_j$、$\bar{\mu}_j$ 由式(2.3.17)确定。

类似地，对于梯级坝群内大坝离散型灰色风险危险性量化指标 $H_i^g(x)$，其计算表达式为：

$$H_i^g(x) = \frac{K\left[\sum\limits_{j=1}^{N} S(\underline{\mu}_j) + \sum\limits_{j=1}^{N} S(\bar{\mu}_j)\right]}{2N} \quad (2.3.21)$$

式中：K 为常数；$S(\underline{\mu}_j)$、$S(\bar{\mu}_j)$ 分别由式(2.3.19)和式(2.3.20)确定；N 的含义同式(2.3.17)。

2.3.2.2 最危险失效路径确定方法及实现过程

对于梯级坝群内的可能失效路径而言，其风险承受能力取决于其中的最薄弱环节。根据这一思想，本节采用可能失效路径 c_k 上各大坝风险危险性量化指标 $H_{i'}$ 中的最大值，来表征可能失效路径内风险的危险性量化指标 H_{sk}，其表达式为：

$$H_{sk} = \max_i (H_{i'} \mid H_{i'} \text{ in } c_k) \quad (2.3.22)$$

由 $H_{sk}(k = 1, 2, \cdots, N_k)$ 确定梯级坝群中最危险失效路径 $c_k^{\max}$，其表达式为：

$$c_k^{\max} = \{c_k \mid \max(H_{sk})\} \quad k = 1, 2, \cdots, N_k \quad (2.3.23)$$

综上，梯级坝群内最危险失效路径确定的流程如图 2.3.4 所示，具体步骤如下。

步骤 1：确定梯级坝群内所有可能的失效路径 c_k。利用 2.3.1 节中深度优先搜索算法构建出梯级坝群网络中所有可能的失效路径 $c_k(k = 1, 2, \cdots, N_k)$（$N_k$ 为梯级坝群内可能失效路径的数目）。

步骤 2：计算单座大坝危险性量化指标 H_i。根据单座大坝各单项风险的类型，在式(2.3.7)至式(2.3.21)中选取相应的风险危险性量化指标计算公式，依据式(2.3.3)，得到各单座大坝危险性量化指标结果 $H_i(i = 1, 2, \cdots, N)$，N 为梯级坝群内单座大坝数目。

步骤 3：计算考虑风险链式传递效应后的梯级坝群内大坝危险性量化指标

$H_{i'}$。依据 2.2.4.2 节,确定梯级坝群内的风险能量传递效应系数,结合步骤 2 中单座大坝危险性量化指标 H_i 的结果,利用式(2.3.5)得出考虑风险链式传递效应后的梯级坝群中各座大坝的危险性量化指标 $H_{i'}$。

步骤 4:计算各条可能失效路径的危险性量化指标 H_{sk}。在步骤 1 确定的梯级坝群内所有可能失效路径 c_k 基础上,结合步骤 3 中得到的大坝风险危险性量化指标计算结果 $H_{i'}$,利用式(2.3.22),得到各条可能失效路径的危险性量化指标 H_{sk}。

步骤 5:确定梯级坝群内的最危险失效路径 $c_k^{\max}$。根据式(2.3.23),结合步骤 4 的计算结果,确定梯级坝群内的最危险失效路径。

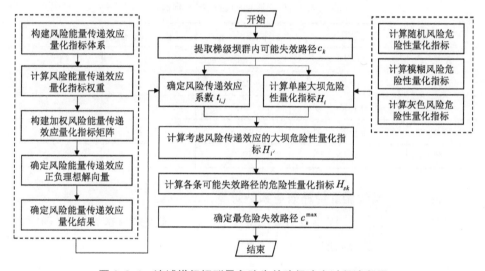

图 2.3.4　流域梯级坝群最危险失效路径确定过程流程图

2.4　工程实例

2.4.1　实例一

F 江流域,干流全长 735 km,流域面积 13.6 万 km²,主要支流从北往南依次为 J 河、K 溪和 L 河等,途径 L 镇和 J 市等,地理分布图见图 2.4.1。

表 2.4.1 列出了 F 江流域梯级坝群中五座大坝的工程基本情况。

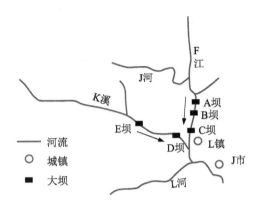

图 2.4.1 F 江流域地理分布图

表 2.4.1 F 江流域梯级坝群工程概况

大坝	坝型	库容/万 m³	最大坝高/m	坝龄/年
A 坝	闸坝	290	31	15
B 坝	闸坝	96	29.1	25
C 坝	黏土心墙土坝	40	21	47
D 坝	混凝土重力坝	40.3	27.8	44
E 坝	闸坝	69.5	31.5	31

2.4.1.1 风险能量传递效应系数计算

根据图 2.4.1 中 F 江流域梯级坝群中各大坝分布关系与水流流向,确定流域中四条可能的失效路径如图 2.4.2 所示。

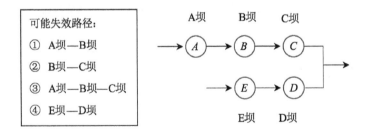

图 2.4.2 F 江流域梯级坝群可能失效路径示意图

图 2.4.1 所示的研究范围内包括 A—B,B—C,E—D 三条直接连接的路径,分别记作 p_{A-B},p_{B-C},p_{E-D},根据 2.2.4.2 节中风险能量传递效应系数确

定方法,计算 p_{A-B}, p_{B-C}, p_{E-D} 中上游大坝至下游大坝的风险能量传递效应系数,具体过程如下。

(1)构造风险能量传递效应量化矩阵

依据图 2.2.6 中上下游大坝风险能量传递效应系数量化指标体系,构造梯级坝群风险能量传递效应量化指标矩阵 $\boldsymbol{E} = [e_{ij}]_{M \times N}$,$M$ 为路径数目,N 为风险能量传递效应量化指标个数,矩阵 $\boldsymbol{E} = [e_{ij}]_{M \times N}$ 内各元素结果如表 2.4.2 所示。

表 2.4.2　F 江流域梯级坝群风险能量传递效应量化指标矩阵

待评价路径	X_1	X_2	X_3	X_4	X_5	X_6	X_7
A—B	290	31	75	0.035	12	62	1.20
B—C	96	29.1	75	0.035	21	61	1.54
E—D	69.5	31.5	75	0.034	45	40	3.13

表 2.4.2 中风险能量传递效应系数量化指标矩阵内 $X_1 \sim X_7$ 分别表示库容、蓄水高程、坝型、河道糙率、河道长度、河道宽度与河道蜿蜒系数,利用本章提出的方法,计算得到标准化后的风险能量传递效应量化指标矩阵 $\boldsymbol{U} = [u_{ij}]_{M \times N}$ 为:

$$\boldsymbol{U} = \begin{bmatrix} 0.636\,7 & 0.338\,4 & 0.333\,3 & 0.336\,5 & 0.153\,8 & 0.380\,4 & 0.461\,1 \\ 0.210\,8 & 0.317\,7 & 0.333\,3 & 0.336\,5 & 0.269\,2 & 0.374\,2 & 0.361\,1 \\ 0.152\,6 & 0.343\,9 & 0.333\,3 & 0.326\,9 & 0.576\,9 & 0.245\,4 & 0.177\,8 \end{bmatrix}$$

$$(2.4.1)$$

(2)确定风险能量传递效应量化指标权重

利用 AHP 主观赋权法与 CRITIC 客观赋权法分别计算指标权重,由此得到基本权重矩阵 $\boldsymbol{W} = [\omega_{ij}]_{L \times N}$ 为:

$$\boldsymbol{W} = \begin{bmatrix} 0.065\,3 & 0.505\,3 & 0.123\,1 & 0.096\,3 & 0.077\,3 & 0.060\,9 & 0.071\,4 \\ 0.063\,2 & 0.517\,2 & 0.131\,6 & 0.095\,2 & 0.071\,6 & 0.060\,3 & 0.060\,9 \end{bmatrix}$$

$$(2.4.2)$$

根据式(2.2.18),以 AHP 与 CRITIC 两种赋权权重结果向量之间的离差最小为目标,计算得到组合系数 $\boldsymbol{\lambda}_k^*$ 为:

$$\boldsymbol{\lambda}_k^* = \begin{bmatrix} 0.509 \\ 0.491 \end{bmatrix}$$

$$(2.4.3)$$

根据式(2.2.20),风险能量传递效应量化指标组合权重为:

$$\boldsymbol{W}^* = \begin{bmatrix} 0.064\,3 & 0.511\,1 & 0.127\,3 & 0.095\,8 & 0.074\,5 & 0.060\,6 & 0.066\,2 \end{bmatrix}$$
$$(2.4.4)$$

(3) 构造加权风险能量传递效应量化指标矩阵 $\boldsymbol{D} = [d_{ij}]_{M \times N}$

根据式(2.2.24),结合式(2.4.1)所示的归一化风险能量传递效应量化指标矩阵 $\boldsymbol{U} = [u_{ij}]_{M \times N}$,以及式(2.4.4)所示的风险能量传递效应系数量化指标组合权重 $\boldsymbol{W}^*$,构造加权风险能量传递效应量化指标矩阵 $\boldsymbol{D} = [d_{ij}]_{M \times N}$ 为:

$$\boldsymbol{D} = \begin{bmatrix} 0.040\,9 & 0.173\,0 & 0.042\,4 & 0.032\,2 & 0.011\,5 & 0.023\,1 & 0.030\,5 \\ 0.013\,5 & 0.162\,4 & 0.042\,4 & 0.032\,2 & 0.020\,1 & 0.022\,7 & 0.023\,9 \\ 0.009\,8 & 0.175\,8 & 0.042\,4 & 0.031\,3 & 0.043\,0 & 0.014\,9 & 0.011\,8 \end{bmatrix}$$
$$(2.4.5)$$

(4) 计算待分析路径 c_i 风险能量传递效应量化指标与正负理想解的贴近度 G_i

基于式(2.4.5)所示的加权风险能量传递效应量化指标矩阵,利用式(2.2.25)至式(2.2.26)确定正、负理想解 d^+,d^-,根据式(2.2.27)至式(2.2.28),计算待分析路径 c_i 的风险能量传递效应量化指标与正、负理想解 d^+,d^- 的距离,在此基础上,依据式(2.2.29)求出待分析路径 c_i 风险能量传递效应量化指标与正负理想解 d^+,d^- 的贴近度 G_i,结果见表2.4.3。

表 2.4.3　各失效子路径风险能量传递效应指标与正负理想解距离及贴近度计算结果

各失效子路径	$\mathrm{sim}_i^+(\boldsymbol{d}_i, \boldsymbol{d}^+)$	$\mathrm{sim}_i^-(\boldsymbol{d}_i, \boldsymbol{d}^-)$	G_i
p_{A-B}	0.987 3	0.981 7	0.501 4
p_{B-C}	0.984 7	0.995 3	0.497 3
p_{E-D}	0.982 1	0.986 6	0.498 9

同理计算 p_{A-B},p_{B-C},p_{E-D} 中由下游大坝至上游大坝的风险能量传递效应系数,结果分别为 0.102 3、0.099 4 与 0.092 5。

2.4.1.2　梯级坝群最危险失效路径确定

本节以地震风险为例,探究 F 江流域梯级坝群的最危险失效路径确定方法。我国根据地震烈度划分地震对工程建筑物影响的强弱程度,因此,本书以地震烈

度表征地震风险的强弱。依据国家地震局 2012—2020 年的地震资料,表 2.4.4
列出了 F 江流域不同烈度地震的发生概率统计结果。

表 2.4.4 F 江流域不同烈度地震发生概率

烈度等级	II	III	IV	V	VI	VII	VIII及以上
发生概率	0.008 8	0.676 6	0.260 5	0.045 3	0.006 6	0.002 2	0

根据《水工建筑物抗震设计标准 GB 51247—2018》可知,地震烈度在Ⅵ度及
以上的地震才能对大坝造成一定的影响,基于表 2.3.1 所示的严重性水平定性
定量转换的对应关系,结合 A—E 坝过往受地震风险影响后的资料[183, 184],整理
得到不同单座大坝,不同烈度地震风险影响下的严重性水平,结果见表 2.4.5。

表 2.4.5 不同烈度下地震风险严重性水平

烈度等级	严重性水平				
	A 坝	B 坝	C 坝	D 坝	E 坝
Ⅵ	0.103 8	0.089 3	0.093 6	0.082 9	0.096 6
Ⅶ	0.137 8	0.118 8	0.121 9	0.111 6	0.125 4
Ⅷ	0.238 7	0.209 4	0.219 1	0.195 1	0.226 0
Ⅸ	0.513 2	0.456 4	0.464 1	0.420 0	0.472 9
Ⅹ	1	1	1	1	1
Ⅺ	1	1	1	1	1

结合表 2.4.4 与表 2.4.5 中不同烈度地震风险发生概率与不同烈度地震风
险严重性水平,由式(2.3.3)至式(2.3.4)得到单座大坝危险性指标量化值 H_i,
结果如表 2.4.6 所示。

表 2.4.6 F 江流域梯级坝群内单座大坝危险性指标量化值

大坝	单座大坝危险性指标量化值 $/ \times 10^{-4}$	大坝	单座大坝危险性指标量化值 $/ \times 10^{-4}$
A 坝	9.88	D 坝	7.93
B 坝	8.51	E 坝	9.13
C 坝	8.86		

结合 2.4.1.1 节中风险能量传递效应系数结果与表 2.4.6 中单座大坝危险
性指标量化值,计算考虑风险传递效应后的单座大坝危险性指标量化结果,

图 2.4.3(a)—(d)分别给出了 F 江流域内 $A—B$、$B—C$、$A—B—C$、$E—D$ 四条可能失效路径中考虑风险传递效应后的单座大坝危险性指标量化值结果。

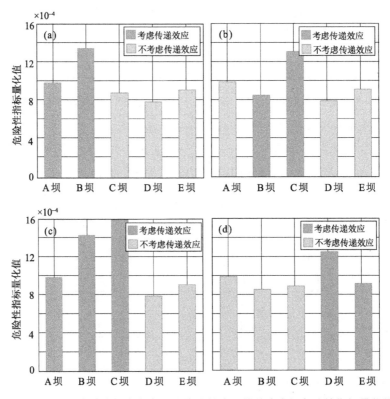

图 2.4.3　不同失效路径中考虑风险传递效应后的单座大坝危险性指标量化值

图 2.4.3 中深色柱子代表失效路径中考虑风险传递效应后的大坝危险性指标量化值,可以看出,考虑风险传递效应后,失效路径中下游大坝危险性指标量化值有所增加。为进一步确定各可能失效路径的危险性指标量化值,依据 2.3.2.2 节方法,得到 F 江流域梯级坝群失效路径危险性指标量化值,见表 2.4.7。

表 2.4.7　F 江流域梯级坝群可能失效路径危险性指标量化值

可能失效路径	失效路径危险性指标 量化值 / $\times 10^{-3}$	可能失效路径	失效路径危险性指标 量化值 / $\times 10^{-3}$
A 坝—B 坝	1.345	A 坝—B 坝—C 坝	1.434
B 坝—C 坝	1.309	E 坝—D 坝	1.248

由表2.4.7可以看出,在地震作用下,可能失效路径A坝—B坝—C坝的危险性指标量化值最大,因此,A坝—B坝—C坝为地震风险下,该流域梯级坝群中最危险失效路径。

2.4.2 实例二

D河流域,干流全长1 062 km,流域面积7.74万km²,其上游干流由北往南依次途径M县、J县与X县,地理分布情况见图2.4.4(a)。

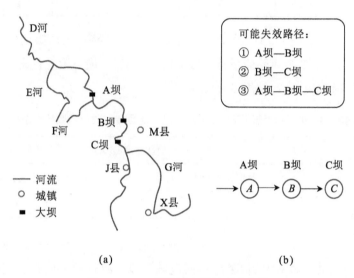

(a)   (b)

图 2.4.4 D河流域上游地理分布图

表2.4.8列出了D河流域干流上游规划建设的三座大坝工程的基本情况。

表 2.4.8 D河流域上游梯级坝群工程概况

大坝	坝型	库容/亿 m³	最大坝高/m
A坝	混凝土面板堆石坝	1.38	142
B坝	混凝土面板堆石坝	2.48	133
C坝	碎石土心墙堆石坝	28.97	314

根据图2.4.4(a)中D河流域梯级坝群中各大坝分布关系与水流流向,确定流域中三条可能失效路径如图2.4.4(b)所示。图2.4.4(a)所示的研究范围内包括$A—B$,$B—C$两条直接连接的路径,分别记作p_{A-B},p_{B-C}。为确定上下游大坝

间的风险能量传递效应,需构造梯级坝群风险能量传递效应量化指标矩阵 $E = [e_{ij}]_{M \times N}$,$M$、$N$ 含义与实例一中相同,矩阵 $E = [e_{ij}]_{M \times N}$ 内各元素结果如表 2.4.9 所示,表 2.4.9 中 X_1 至 X_7 的含义与表 2.4.2 中一致。

表 2.4.9 D 河流域梯级坝群风险能量传递效应量化指标矩阵

待评价路径	X_1	X_2	X_3	X_4	X_5	X_6	X_7
A—B	1.38	142	75	0.035	66	57	1.36
B—C	2.48	133	75	0.035	29	52	2.26

结合表 2.4.9 中 D 河流域干流上游段各失效子路径的风险能量传递效应指标,参照 2.4.1.2 节风险能量传递效应的计算流程,最终确定各失效子路径的风险能量传递效应系数,结果见表 2.4.10。

表 2.4.10 D 河流域各失效子路径风险能量传递效应系数计算结果

各失效子路径	风险能量传递效应系数	
	上游大坝至下游大坝	下游大坝至上游大坝
p_{A-B}	0.483 7	0.081 1
p_{B-C}	0.512 2	0.131 7

本实例以洪水风险为例,探究 D 河流域干流上游段梯级坝群的最危险失效路径确定方法。洪峰流量是表征洪水风险的要素,本书以各大坝水库的年最大洪峰流量表征洪水风险强弱。根据 D 河流域的水文资料[41],分别得到 A 坝至 C 坝年最大洪峰流量统计特征值及分布形式,见表 2.4.11。

表 2.4.11 各大坝水库年最大洪峰流量统计特征表

大坝	年最大洪峰流量均值/(m³/s)	C_v	C_s	分布类型
A 坝	1 334.9	0.34	1.61	P-Ⅲ
B 坝	1 397.3	0.36	1.66	P-Ⅲ
C 坝	2 506.6	0.32	1.56	P-Ⅲ

根据表 2.4.11 中三座大坝年最大洪峰流量统计特征值结果,确定年最大洪峰流量的概率密度函数 $f(x)$,如图 2.4.5 所示。

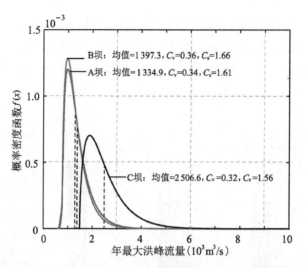

图 2.4.5 A 坝至 C 坝年最大洪峰流量概率密度函数

本节采用分段线性形式洪水风险严重性函数 $q(x)$，其表达式为：

$$q(x) = \begin{cases} \dfrac{x}{Q_m} & x < Q_m \\ 1 & x \geqslant Q_m \end{cases} \qquad (2.4.6)$$

式中：Q_m 为校核洪峰流量值。

由式(2.4.6)可以看出，年最大洪峰流量超过校核洪峰流量时，洪水风险严重性水平结果均为 1。根据工程设计资料，三座大坝水库的校核洪峰流量分别为 3 780 m^3/s、4 330 m^3/s 与 8 630 m^3/s，由此，A 坝至 C 坝洪水风险严重性函数如图 2.4.6 所示。

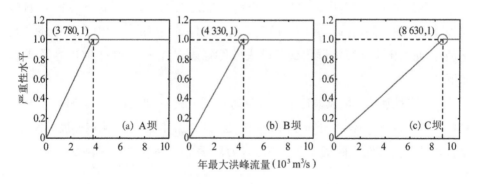

图 2.4.6 A 坝至 C 坝洪水风险严重性函数

根据年最大洪峰流量的概率密度函数与严重性函数结果,利用式(2.3.7),确定三座大坝的洪水风险危险性指标量化值 H_i,见图2.4.7(a)。根据2.3.2.2节中方法,结合表2.4.10中风险能量传递效应系数结果,得到D河流域内三条可能失效路径的危险性指标量化值,见图2.4.7(b)—(d)。

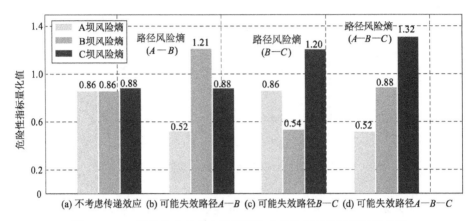

图2.4.7 D河流域内单座大坝及可能失效路径危险性指标量化值

由图2.4.7可以看出,考虑风险传递效应后,D河流域各可能失效路径中的下游大坝危险性指标量化值增加。根据各可能失效路径的危险性量化结果,得出在洪水风险作用下,A坝—B坝—C坝是D河流域干流上游段最危险失效路径。对其他类型风险,可参照上述方法,挖掘最危险失效路径,在此不再赘述。

2.5 本章小结

本章针对梯级坝群中风险特点,研究了梯级坝群风险对单座大坝的影响模式和风险传递机制,在此基础上,探究了风险对梯级坝群的影响模式及可能失效路径,由此提出了梯级坝群中最危险失效路径确定方法,主要研究内容及成果如下。

(1)在对单座大坝风险特征及表征方法研究的基础上,探究了梯级坝群风险特征的表达形式,深入分析了梯级坝群自身风险、环境风险、流域调度风险、流域管理风险及其他风险的来源及内涵,为后续剖析梯级坝群风险影响提供了基础。

(2)为探究风险对梯级坝群的影响,研究了风险对单座大坝的影响模式和风险传递机制,基于能量理论,建立了梯级坝群风险链式影响的分析模型。为反映模型上、下游大坝风险链式传递效应,构建了风险能量传递效应量化指标体系。通过引入博弈组合赋权方法,确定了各指标权重,由此提出了基于理想解贴近度的风险能量传递效应系数量化方法。

(3) 运用图论方法,构建了梯级坝群网络图,引入深度优先搜索算法,建立了梯级坝群中所有可能失效路径的集合。运用熵理论,提出了不同类型风险的危险性量化指标的构建方法;并考虑风险传递效应,构建了梯级坝群内各大坝风险危险性评价指标;基于最薄弱环节思想,提出了梯级坝群内最危险失效路径的确定方法,为下文研究梯级坝群失效风险率和系统韧性提供了基础。

第三章

考虑抗力与作用效应的梯级坝群
风险率估算方法

3.1 引言

上一章研究了梯级坝群风险因素及风险量化技术,提出了确定梯级坝群系统的最危险失效路径的方法。在此基础上,本章将充分考虑抗力与作用效应间关系,进一步研究梯级坝群超出极限状态的风险率估算方法。

传统的失效风险率估算,主要针对单座大坝,通过建立某一失效模式下的结构状态功能函数,借助蒙特卡罗抽样、一次二阶矩、近似解析等分析方法求解失效风险率。相比于单座大坝的失效风险,梯级坝群可能出现的失效模式更多,对于不同失效模式,在风险率估算时采用的结构状态功能函数形式不同,相应的分析方法也有所差异。因此,常规的单座大坝超出极限状态的风险率估算方法,不适合梯级坝群超出极限状态的风险率估算,为此需研究梯级坝群超出极限状态的风险率估算方法。

与此同时,由于梯级坝群内有水力联系等关联作用,上下游大坝间的失效风险事件会相互影响,梯级坝群发生失效事件产生的影响将通过河道传递到相邻大坝,为此,在估算梯级坝群失效风险率时,还需综合考虑坝群系统各大坝间存在的失效风险事件的相关关系。

针对上述问题,本章经对各类单座大坝结构功能函数构建方法的研究,基于概率和可靠度分析理论,通过对传统子集抽样法不足的探究和改进,提出基于控制变量－子集抽样的单座大坝超出极限状态的风险率求解方法,由此解决直接积分法难以估算大坝失效风险率的问题。以此为基础,经对不同失效路径连接形式下的梯级坝群超出极限状态的风险率估算模型构建方法的研究,引入Copula 函数来刻画坝群内各大坝失效事件的相关关系,由此解决结构状态功能函数联合概率分布函数构建问题,并提出梯级坝群系统超出极限状态的风险率估算方法。

3.2　单座大坝典型结构状态功能函数的构建方法

构建大坝结构状态功能函数是后续估算大坝失效风险率的基础。大坝结构状态功能函数 Z 表征了抗力(R)及作用效应(S)之间的关系,其表达式为:

$$Z = f(R, S) = R - S \qquad (3.2.1)$$

由于大坝结构的抗力与作用效应受各种随机因素影响,因此,式(3.2.1)表示为:

$$Z = f(R, S) = f(x_1, x_2, \cdots, x_n) \qquad (3.2.2)$$

式中: $x_1, x_2, \cdots, x_n$ 为随机变量。

由式(3.2.2)求得的 Z 表征大坝结构状态,即:

$$Z = f(X) \begin{cases} Z > 0 & 可靠状态 \\ Z = 0 & 极限状态 \\ Z < 0 & 失效状态 \end{cases} \qquad (3.2.3)$$

对于不同坝型,相应的某一失效模式下的结构状态功能函数也不同。下面研究重力坝、拱坝及土石坝主要失效模式下的结构状态功能函数的构建方法。

3.2.1　重力坝结构状态功能函数

(1) 坝基面抗滑稳定破坏状态功能函数

失稳破坏是重力坝最主要的失效模式之一,当重力坝在建基面上的抗滑力不足以抵抗上游水推力时,重力坝将可能出现失稳破坏。图 3.2.1 为重力坝受力示意图,在基本荷载组合作用下,坝基面上抗滑力 R 和滑动力 S 的表达式分别为:

$$R = c'A + f'\left(\sum_{i=1}^{4} W_i - U\right) \qquad (3.2.4)$$

$$S = P_1 + P_3 - P_2 \qquad (3.2.5)$$

式中: c' 与 f' 分别为滑动面抗剪断凝聚力和抗剪断摩擦系数; A 为滑动面面

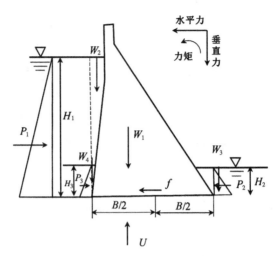

图 3.2.1　重力坝坝基抗滑稳定计算示意图

积；W_i 分别为坝体自重 W_1、竖直静水压力 W_2 和 W_3、竖直淤沙压力 W_4；U 为扬压力；P_1 为上游水深作用下的水平静水压力；P_2 为下游水深作用下的水平静水压力；P_3 为上游淤沙作用下的水平静水压力。

综上，重力坝建基面抗滑稳定功能函数为：

$$Z = c'A + f'\left(\sum_{i=1}^{4} W_i - U\right) - (P_1 + P_3 - P_2) \tag{3.2.6}$$

式中：变量符号含义同式(3.2.4)至式(3.2.5)。

(2) 结构强度破坏状态功能函数

重力坝除需满足稳定要求外，其结构应力状态还应符合筑坝材料强度要求，即下游坝趾处压应力应小于混凝土或坝基岩体材料的抗压强度、上游坝踵处不出现拉应力。

对应坝趾抗压的功能函数为：

$$Z = f_c - \left(\frac{\sum W_R}{A_R} - \frac{\sum M_R T_R}{J_R}\right)(1 + m_2^2) \tag{3.2.7}$$

式中：$\sum W_R$ 为坝基面上竖直向作用之和，以向下为正；A_R 为坝基面面积；$\sum M_R$ 为全部作用力对坝基面形心的力矩之和，以逆时针方向为正；T_R 为坝基面形心轴到下游面的距离；J_R 为坝基面对形心轴的惯性矩；m_2 为下游坝面坡率。

对应坝踵抗拉的功能函数为：

$$Z = \frac{\sum W_R}{A_R} - \frac{\sum M_R T_{R'}}{J_R} \qquad (3.2.8)$$

式中：$T_{R'}$ 为坝基面形心轴到上游面的距离；其他变量符号含义与式(3.2.7)中相同。

3.2.2　拱坝结构状态功能函数

由坝工理论可知，拱坝的主要失效模式包括大坝强度破坏和坝肩失稳，下面研究拱坝主要失效模式对应的功能函数的构建方法。

（1）结构强度破坏状态功能函数

拱坝不同位置的结构单元受力状态有所差异，故需采用不同的破坏准则构造功能函数。对于处于三维应力状态的结构单元，根据双强度准则，功能函数表示为：

$$Z = \begin{cases} \sigma_1 - \dfrac{\alpha}{2}(\sigma_2 + \sigma_3) - f_t & \sigma_2 \leqslant \dfrac{\sigma_1 + \alpha\sigma_3}{1+\alpha} \\[3mm] \dfrac{1}{2}(\sigma_1 + \sigma_2) - \alpha\sigma_3 - f_t & \sigma_2 > \dfrac{\sigma_1 + \alpha\sigma_3}{1+\alpha} \end{cases} \qquad (3.2.9)$$

式中：σ_1，σ_2，σ_3 分别为第一、第二和第三主应力；f_t 为材料抗拉强度；f_c 为材料抗压强度；$\alpha = f_t/f_c$。

对于处于二维应力状态的结构单元，根据二轴准则，功能函数表示为：

$$Z = \begin{cases} \sigma_{2c} - \dfrac{1 + 3.65\alpha}{(1+\alpha)^2} f_c & \text{受压} \\[3mm] \sigma_{2c} - \dfrac{1 + 3.28\alpha}{(1+\alpha)^2} f_t & \text{拉压} \\[3mm] \sigma_{1t} - f_t & \text{受拉} \end{cases} \qquad (3.2.10)$$

式中：σ_{2c} 为单元压应力；σ_{1t} 为单元拉应力；其他变量符号含义与式(3.2.9)中相同。

对于处于一维应力状态的结构单元，根据最大应力强度准则，功能函数表示为：

$$Z = \begin{cases} \sigma - f_t & \sigma \ \text{为拉应力} \\ \sigma - f_c & \sigma \ \text{为压应力} \end{cases} \tag{3.2.11}$$

式中：变量符号含义与式(3.2.9)中相同。

(2) 坝肩抗滑稳定破坏状态功能函数

将直角坐标系中的 6 个应力分量(σ_x，σ_y，σ_z，τ_{xy}，τ_{yz}，τ_{zx})，通过公式转换为极坐标下的 3 个主应力分量(σ_η，τ_ξ，τ_z)，见图 3.2.2，应力坐标转换公式如下：

$$\begin{cases} \sigma_\eta = \sigma_x \cos^2 \beta + \sigma_y \sin^2 \beta - \tau_{xy} \sin 2\beta \\ \tau_\xi = \tau_{zx} \cos \beta - \tau_{yz} \sin \beta \\ \tau_z = (\sigma_y - \sigma_x)/2 \times \sin 2\beta - \tau_{xy} \cos 2\beta \end{cases} \tag{3.2.12}$$

则极坐标系下的坝肩抗滑稳定功能函数为：

$$Z = \sum_{i=1}^{d} (c' + f' \sigma_{\eta_i} - \tau_{z_i}) A_i, \quad \tau_{z_i} < 0 \tag{3.2.13}$$

式中：d 为滑动面上的单元个数；A_i 为滑动面的单元面积；f' 为摩擦系数；c' 为黏聚力；σ_{η_i}，τ_{z_i} 分别为单元 i 上的正应力和剪应力，正应力以受拉方向为正，剪应力以顺时针方向为正。

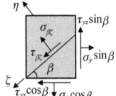

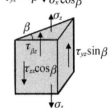

图 3.2.2　直角-极坐标系应力转化计算示意图

3.2.3　土石坝结构状态功能函数

土石坝的失事模式主要包括漫顶、渗透破坏及坝坡失稳，下面探究土石坝三种失事模式对应的功能函数的构建方法。

(1) 漫顶失事状态功能函数

在洪水和风浪的共同作用下，当坝前水位超过坝顶或防浪墙高程，将导致土石坝的漫顶失事，相应的功能函数 Z 为：

$$Z = H_c - (H_f + e + R_m) \tag{3.2.14}$$

式中：H_c 为防浪墙顶高程；H_f 为洪水作用下的坝前水位；e 为风浪壅高；R_m 为最大波浪爬高。

(2) 渗透破坏状态功能函数

土石坝在水库蓄水后，坝体和坝基内会产生渗流，当渗透力大于土的抗渗力

时,渗流将导致土颗粒流失,继而形成上下游渗流通道,最后发生管涌、流土等破坏,描述土石坝渗透破坏的功能函数 Z 为:

$$Z = J_C - J \tag{3.2.15}$$

式中: J 为实际渗透坡降; J_C 为临界坡降。

非黏性土材料发生管涌的临界坡降表达式为:

$$J_C = \frac{42d_3}{\sqrt{k/n^3}} \tag{3.2.16}$$

式中: d_3 为对应粒径分布曲线上含量为3%的土颗粒粒径; k 为渗透系数; n 为土壤孔隙率。

流土发生管涌的临界坡降表达式为:

$$J_C = (G-1)(1-n) \tag{3.2.17}$$

式中: G 为土颗粒比重; n 的含义与式(3.2.16)中相同。

（3）坝坡失稳破坏状态功能函数

土石坝在遭遇不利荷载,例如高水位、库水位骤降、地震等,土石坝坝坡可能发生失稳破坏,相应的功能函数 Z 表示为:

$$Z = M_R - M_S \tag{3.2.18}$$

式中: M_R 为抗滑力矩; M_S 为滑动力矩, M_R, M_S 通常采用条分法确定。条分法的主要步骤有:①对土体进行条分;②假定滑动面;③根据力矩平衡计算下游边坡的稳定状态。图3.2.3给出了土石坝抗滑稳定计算示意图,以瑞典条分法为例,计算坝坡 M_R 和 M_S 的表达式如下:

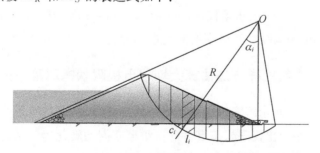

图 3.2.3　土石坝圆弧滑动面抗滑稳定计算示意图

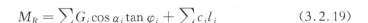

$$M_R = \sum G_i \cos \alpha_i \tan \varphi_i + \sum c_i l_i \qquad (3.2.19)$$

$$M_S = \sum G_i \sin \alpha_i \qquad (3.2.20)$$

式中：G_i 为第 i 个土条的重量，方向以竖直向下为正；α_i 为假定滑动面的圆心角；φ_i 为第 i 个土条的内摩擦角；c_i 为第 i 个土条底面上土体的抗剪强度；l_i 为第 i 个土条底面上的弧长。

3.3 单座大坝超出极限状态风险率改进的子集抽样估算方法

由 3.2 节可知，大坝失效风险率 p_f 表示其结构超出极限状态，即 $Z < 0$ 的概率，根据概率统计理论，$Z < 0$ 的概率求解表达式为：

$$p_f = \int_\Omega f(x_1, x_2, \cdots, x_n) \mathrm{d}x_1 \mathrm{d}x_2, \cdots, \mathrm{d}x_n \qquad (3.3.1)$$

式中：$x_1, x_2, \cdots, x_n$ 表示大坝结构状态功能函数 Z 中与抗力和作用效应有关的随机变量；Ω 为失效域，即 $Z < 0$ 的区域；$f(x_1, x_2, \cdots, x_n)$ 表示随机向量 $(x_1, x_2, \cdots, x_n)$ 的联合概率密度函数。

大坝作为大体积复杂结构，其结构状态功能函数 Z 多为非线性函数，或不具有显式结构状态功能函数，采用直接积分法计算风险率 p_f 存在困难，往往需要通过抽样模拟方法近似求解。大坝超出极限状态概率的求解属于小概率求解，采用普通的抽样方法，例如蒙特卡罗抽样，通常需要的抽样次数过多，估算效率较低[185, 186]。为提升估算效率、减少抽样样本数目，本章基于控制变量（Control Variate，CV）的子集抽样（Subset Sample，SS）方法[187, 188]，来解决大坝超出极限状态的风险率估算效率低的问题。

3.3.1 基于子集抽样方法估算大坝超出极限状态风险率的原理

子集抽样是一种求解多维小概率事件的抽样方法，其基本思路是通过引入中间事件，将大坝超出极限状态事件这一小概率问题转化为一系列较大概率中间事件的乘积，从而降低问题求解中所需的抽样次数，提升计算效率。本章基于子集抽样法的原理，将单座大坝超出极限状态事件（记为 F，$F = \{x: Z(\boldsymbol{x}) <$

limit},$Z(\boldsymbol{x})$为大坝结构状态功能函数)的概率计算,转化为一系列有包含关系的中间事件的条件概率计算,图3.3.1给出了子集抽样方法中大坝超出极限状态事件与中间事件的包含关系,各中间事件记为F_i,$F_i=\{x:Z(\boldsymbol{x})<b_i\}(i=1,2,\cdots,m-1)$,应满足$F_1\supset F_2\supset\cdots\supset F_m=F$,$b_1>b_2>\cdots>b_m=$limit。

根据图3.3.1所示的各事件之间的包含关系与概率论中的全概率公式,大坝超出极限状态的风险率P_F为:

$$P_F=P(F_m)=P(\bigcap_{i=1}^{m}F_i)=P\left(F_m\bigg|\bigcap_{i=1}^{m-1}F_i\right)P(\bigcap_{i=1}^{m-1}F_i)$$
$$=P(F_m\mid F_{m-1})P(\bigcap_{i=1}^{m-1}F_i) \tag{3.3.2}$$
$$=P(F_1)\prod_{i=1}^{m-1}P(F_{i+1}\mid F_i)$$

式中:$P(F_1)$为中间事件F_1的概率;$P(F_{i+1}\mid F_i)$为中间事件的条件概率。

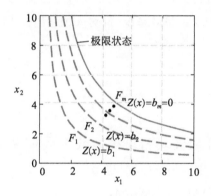

图3.3.1　子集抽样方法中超出极限状态事件及中间事件关系示意图

令$P_1=P(F_1)$,$P_i=P(F_i\mid F_{i-1})(i=2,3,\cdots,m)$,则大坝超出极限状态的风险率估算的具体表达式为:

$$P_F=\prod_{i=1}^{m}P_i \tag{3.3.3}$$

式(3.3.2)中第一个中间事件F_1的概率估计值$\hat{P}_1$,可通过蒙特卡罗抽样方法直接求出,$\hat{P}_1$的估算表达式为:

$$P(F_1)\approx\hat{P}_1=\frac{1}{N_1}\sum_{k=1}^{N_1}I(\boldsymbol{x}_k^{(1)}\in F_1) \tag{3.3.4}$$

式中：N_1 为抽样样本数；$I(\boldsymbol{x}_k^{(1)} \in F_1)$ 为指示函数，当样本 $\boldsymbol{x}^{(1)} \in F_1$ 时，指示函数值为 1，否则为 0；$\boldsymbol{x}_k^{(1)}$ 是根据随机向量联合概率密度函数 $f(\boldsymbol{x})$ 抽取的第 k 个样本。

式(3.3.2)中第 $2 \sim m$ 个中间事件条件概率 $P(F_m \mid F_{m-1})$ 的估计值记为 $\hat{P}_m$，$\hat{P}_m$ 的估算表达式为：

$$P(F_m \mid F_{m-1}) \approx \hat{P}_m = \frac{1}{N}\sum_{i=1}^{N} I_F(\boldsymbol{x}_i^{(m-1)} \in F_m) \tag{3.3.5}$$

式中：N 为抽样样本数；$I_F(\boldsymbol{x}_i^{(m-1)} \in F_m)$ 为指示函数，当样本 $\boldsymbol{x}_i^{(m-1)} \in F_m$ 时，指示函数值为 1，否则为 0；$\boldsymbol{x}_i^{(m-1)}$ 是根据条件概率密度函数 $f(\boldsymbol{x} \mid F_{m-1}) = f(\boldsymbol{x})I(\boldsymbol{x} \in F_{m-1})/P_{m-1}$ 抽取的第 i 个样本。

上文研究了基于子集抽样方法估计大坝超出极限状态风险率的方法，下面对该方法的估算精度进行分析。本章基于统计学理论，引入随机抽样变异系数统计量 δ 来考察上述方法的估算精度，针对大坝超出极限状态风险率估算问题，对应的 δ 的表达式为：

$$\delta = \frac{\sqrt{\hat{V}[\hat{E}(F)]}}{\hat{E}(F)} \tag{3.3.6}$$

式中：F 为抽样估计的大坝超出极限状态风险率随机变量；$\hat{E}(F)$ 与 $\hat{V}[\hat{E}(F)]$ 分别为实际抽样中的大坝超出极限状态风险率期望与方差的估计值。$\hat{E}(F)$ 与 $\hat{V}[\hat{E}(F)]$ 的表达式分别为：

$$\hat{E}(F) = \frac{1}{N_s}\sum_{i=1}^{N_s} F_i(X) \tag{3.3.7}$$

$$\hat{V}[\hat{E}(F)] = \sum_{X \in \Omega}[F(X) - \hat{E}(F)]^2 P(X)/N_s \tag{3.3.8}$$

式中：N_s 为抽样次数；$X = (x_1, x_2, \cdots, x_m)$ 为随机变量的抽样样本；$F_i(X)$ 为第 i 次抽样估算的大坝超出极限状态风险率结果；$P(X)$ 为抽样估算大坝超出极限状态风险率为 $F(X)$ 的概率。

对于本节提出的子集抽样方法，中间事件条件概率估计值 $P_i = P(F_i \mid F_{i-1})(i = 2, 3, \cdots, m)$ 的变异系数 δ_i 的表达式为：

$$\delta_i = \sqrt{\frac{1-P_i}{N_s P_i}(1+\gamma_i)} \tag{3.3.9}$$

式中：γ_i 为表征抽样样本间相关性的参数；P_i 的含义同式(3.3.3)；N_s 的含义同式(3.3.8)。

由式(3.3.9)可知,子集抽样方法的估算精度与 γ_i 有关,当抽样样本间存在相关性时,将导致大坝超出极限状态风险率估计值的变异系数增大,估算精度降低。为提升子集抽样方法的估算精度,本书引入控制变量技术来改进子集抽样方法中的样本选取,目的是减小大坝超出极限状态风险率估计值的变异系数,由此提高大坝超出极限状态风险率的估算精度。下面研究基于控制变量方法减小大坝超出极限状态风险率估计值变异系数的原理。

设 X 是待求 μ_X(随机变量 X_i 的期望)的一个无偏估计,Z 是已知随机变量 Z_i 的期望 μ_Z 的一个无偏估计,则构造一个新的无偏控制变量 Y 对 μ_X 进行估计,即：

$$Y = X + \alpha(Z - \mu_Z) \tag{3.3.10}$$

式中：α 为回归系数。此时,对应式(3.3.10)中控制变量 Y 的方差 $V(Y)$ 为：

$$V(Y) = V(X) + \alpha^2 V(Z) + 2\alpha \operatorname{Cov}(X, Z) \tag{3.3.11}$$

控制变量 Y 的方差 $V(Y)$,由 $V(X)$、$\alpha^2 V(Z)$、$2\alpha \operatorname{Cov}(X, Z)$ 三项之和得到,要使 $V(Y)$ 小于 $V(X)$,则式(3.3.11)中 α 的取值应满足：

$$\alpha^2 V(Z) + 2\alpha \operatorname{Cov}(X, Z) < 0 \tag{3.3.12}$$

对式(3.3.11)α 求导,并令求导结果为0,则对应的 α 值为：

$$\alpha = -\frac{\operatorname{Cov}(X, Z)}{V(Z)} \tag{3.3.13}$$

由式(3.3.13)可知,α 与 X、Z 的协相关系数 $\operatorname{Cov}(X, Z)$ 有关,而 $\operatorname{Cov}(X, Z)$ 为未知值,为解决该问题,设 ρ 是 X 与 Z 的相关系数,则 ρ 的表达式为：

$$\rho = -\frac{\operatorname{Cov}(X, Z)}{\sqrt{V(X)}\,\sqrt{V(Z)}} \tag{3.3.14}$$

将式(3.3.13)至式(3.3.14)代入式(3.3.11)可以得到：

$$V(Y) = (1 - \rho^2)V(X) \tag{3.3.15}$$

通过引入 X 与 Z 的相关系数 ρ，求得 $V(Y)$ 的最小值，其值小于 $V(X)$，从而达到降低抽样变异系数的目的。

将上述降低估计量方差的控制变量思想，融入基于子集抽样方法的大坝超出极限状态风险率估算方法中，能提高子集抽样方法估算精度，下面研究控制变量与子集抽样法相融合的大坝超出极限状态风险率估算方法。

3.3.2 控制变量与子集抽样法相融合的大坝超出极限状态风险率估算方法

下面以两子集为例说明控制变量－子集抽样（Control Variate-Subset Sampling, CV－SS）方法估算大坝超出极限状态风险率的分析过程，两子集分别为 $Z: Z \leqslant 0$ 和 $\overline{Z}: Z \leqslant b_2 (b_2 > 0)$，相应的失效域分别为 Ω 和 Φ，图 3.3.2 给出了控制变量－子集抽样方法示意图，结合控制变量思想，大坝超出极限状态事件 $Z: Z \leqslant 0$ 的发生概率表示为：

$$
\begin{aligned}
P_f &= \int_\Omega f(\boldsymbol{x}) \mathrm{d}\boldsymbol{x} + \alpha \int_\Phi f(\boldsymbol{x}) \mathrm{d}\boldsymbol{x} - \alpha \int_\Phi f(\boldsymbol{x}) \mathrm{d}\boldsymbol{x} \\
&= \alpha \int \pi(\boldsymbol{x}) f(\boldsymbol{x}) \mathrm{d}\boldsymbol{x} + \int [I(\boldsymbol{x}) - \alpha \pi(\boldsymbol{x})] f(\boldsymbol{x}) \mathrm{d}\boldsymbol{x} \\
&= \alpha P_f^{\overline{Z}} + \int [I(\boldsymbol{x}) - \alpha \pi(\boldsymbol{x})] f(\boldsymbol{x}) \mathrm{d}\boldsymbol{x} \\
&= \alpha P_f^{\overline{Z}} + \int [I(\boldsymbol{x}) - \alpha \pi(\boldsymbol{x})] \frac{f(\boldsymbol{x})}{h^*(\boldsymbol{x})} h^*(\boldsymbol{x}) \mathrm{d}\boldsymbol{x} \\
&= \alpha P_f^{\overline{Z}} + \int [I(\boldsymbol{x}) - \alpha \pi(\boldsymbol{x})] P_f^{\overline{Z}} h^*(\boldsymbol{x}) \mathrm{d}\boldsymbol{x}
\end{aligned} \tag{3.3.16}
$$

式中：$\pi(\boldsymbol{x})$ 和 $I(\boldsymbol{x})$ 分别为 $\overline{Z}: Z \leqslant b_2$ 和 $Z: Z \leqslant 0$ 的指示函数；$h^*(\boldsymbol{x}) = \dfrac{f(\boldsymbol{x})}{P_f^{\overline{Z}}}$，用于生成 $f(\boldsymbol{x})$ 在中间事件失效域 Φ 中的抽样函数。

根据控制变量原理，式(3.3.16)中的第二项为 0，那么可以得到关于 α 的表达式：

$$
\alpha = \frac{\int I(\boldsymbol{x}) h^*(\boldsymbol{x}) \mathrm{d}\boldsymbol{x}}{\int \pi(\boldsymbol{x}) h^*(\boldsymbol{x}) \mathrm{d}\boldsymbol{x}} \tag{3.3.17}
$$

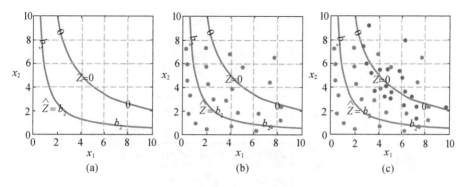

图 3.3.2　子集抽样方法估算示意图

$$P_f = \alpha P_f^{\overline{Z}} = \frac{\int I(\boldsymbol{x}) h^*(\boldsymbol{x}) \mathrm{d}\boldsymbol{x}}{\int \pi(\boldsymbol{x}) h^*(\boldsymbol{x}) \mathrm{d}\boldsymbol{x}} P_f^{\overline{Z}} \qquad (3.3.18)$$

在式(3.3.18)的基础上,可推广得到多子集下的控制变量-子集抽样方法估算大坝超出极限状态风险率的公式,定义一系列中间事件 $\overline{Z}_i$: $\overline{Z}_i(\{\overline{Z}_1: Z < b_1, \overline{Z}_2: Z < b_2, \cdots, \overline{Z}_{n-1}: Z < b_{n-1}\})$。

那么,基于一系列中间事件 $\overline{Z}_i$ 的大坝超出极限状态风险率 P_f 的表达式为:

$$P_f = \alpha_1 \alpha_2 \cdots \alpha_{n-1} P_f^{\overline{Z}_1} = \prod_{i=1}^{n-1} \alpha_i P_f^{\overline{Z}_1} \qquad (3.3.19)$$

其中,

$$\alpha_i = \frac{\int \pi_{\overline{Z}_{i+1}}(\boldsymbol{x}) h_i^*(\boldsymbol{x}) \mathrm{d}\boldsymbol{x}}{\int \pi_{\overline{Z}_i}(\boldsymbol{x}) h_i^*(\boldsymbol{x}) \mathrm{d}\boldsymbol{x}} \qquad (3.3.20)$$

下面进一步研究控制变量与子集抽样法相融合的大坝超出极限状态风险率估算方法的实现技术,图 3.3.3 为该方法的实现流程,其具体的估算步骤如下。

步骤 1: 令 $i = 0$,基于各变量的概率密度函数,应用蒙特卡罗方法在随机变量空间 Ω 中生成 N 组随机样本 $x_0^{(1)}$,$x_0^{(2)}$,$\cdots$,$x_0^{(N)}$。

步骤 2: 计算所输入随机样本对应的大坝结构状态功能函数值,记作 $\{\overline{Z}(x): \overline{Z}(x_0^{(1)}), \overline{Z}(x_0^{(2)}), \cdots, \overline{Z}(x_0^{(N)})\}$,再按降序重新排序,此时 $\overline{Z}(x_0^{(1)})$ 和

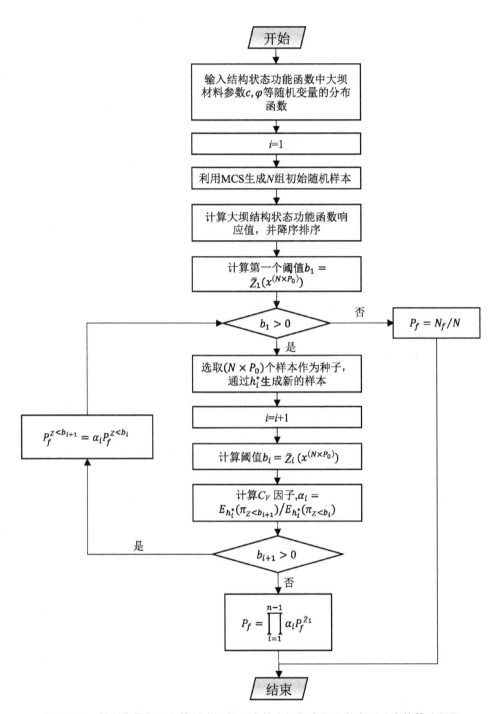

图 3.3.3　控制变量与子集抽样方法相融合的大坝超出极限状态风险率估算流程图

$\bar{Z}(x_0^{(N)})$ 分别为最大和最小的大坝结构状态功能函数值。

步骤 3：计算出第一个中间失效域阈值 $b_1 = \bar{Z}_1(x_0^{(N \times P_0)})$，其中 P_0 的取值范围在区间 $[0.1, 0.3]$ 内，在此基础上，第一个中间事件发生的概率为 $P_f^{\bar{Z}_1} = P_0$。

步骤 4：将 $N \times P_0$ 个样本 $x_i^{(1)}$，$x_i^{(2)}$，$\cdots$，$x_i^{(N \times P_0)}$ 作为种子，通过 MCMC 抽样算法，根据 h_i^* 生成位于下一个子集（$i = i+1$）的新样本。

步骤 5：计算下一个中间失效域阈值 $b_i = \bar{Z}_i(x_i^{(N \times P_0)})$，并计算控制变量回归系数 $\alpha_i = E_{h_i^*}(\pi_z < b_{i+1}) / E_{h_i^*}(\pi_z < b_i)$。

步骤 6：估计中间事件发生的概率，$P_f^{Z < b_{i+1}} = \alpha_i P_f^{Z < b_i}$。

步骤 7：重复步骤 4 至 6 直到得到目标失效域 $Z < 0$，得出大坝超出极限状态风险率 P_f，$P_f = \prod\limits_{i=1}^{n-1} \alpha_i P_f^{\bar{Z}_1}$。

3.4　梯级坝群超出极限状态风险率估算方法

本章 3.3 节研究了单座大坝超出极限状态风险率的估算方法，为下面探究梯级坝群超出极限状态风险率估算方法提供了依据。梯级坝群失效路径复杂多样，根据梯级坝群失效路径的特点，坝群超出极限状态风险率分析模型总体归纳为串联、并联、串并混联等形式，本节经对不同失效路径组成形式下梯级坝群超出极限状态风险率估算模型的研究，建立梯级坝群超出极限状态风险率的估算方法。

3.4.1　串、并、混联形式下梯级坝群超出极限状态风险率估算模型

经对梯级坝群失效路径组成及特点的研究发现，坝群内各可能失效路径间会存在串、并、混联等组成形式，上述三类典型失效路径组成形式分别见图 3.4.1 与图 3.4.2。设梯级坝群中共有 N 条失效路径，Z_1，Z_2，$\cdots$，Z_N 为坝群内 N 条失效路径对应的结构状态功能函数，由 3.2 节计算方法确定。下面依次研究坝群内失效路径间串、并、混联形式下梯级坝群超出极限状态风险率的估算模型。

3.4.1.1　串联形式下梯级坝群超出极限状态风险率估算模型

由系统可靠度理论可知，梯级坝群内失效路径组成为串联形式时，其超出极

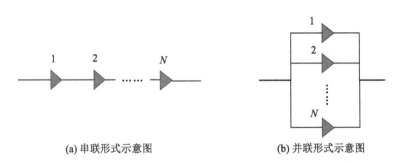

(a) 串联形式示意图　　　　　　(b) 并联形式示意图

图 3.4.1　梯级坝群内失效路径串、并联形式示意图

限状态风险率 P_s 的估算表达式为:

$$P_s = P\left(\bigcup_{i=1}^{N} \{Z_i \leqslant 0\}\right) \tag{3.4.1}$$

式中: Z_i 为第 i 条失效路径的结构状态功能函数,结合概率理论,将式(3.4.1)所示的坝群超出极限状态风险率表达式展开,得到:

$$
\begin{aligned}
P\left(\bigcup_{i=1}^{N} \{Z_i \leqslant 0\}\right) &= \sum_{i=1}^{N} P(Z_i \leqslant 0) - \sum_{1 \leqslant i \leqslant k \leqslant N} P(Z_i \leqslant 0, Z_k \leqslant 0) + \\
&\quad \sum_{1 \leqslant i \leqslant k \leqslant t \leqslant N} P(Z_i \leqslant 0, Z_k \leqslant 0, Z_t \leqslant 0) - \cdots + \\
&\quad (-1)^{n-1} P(Z_1 \leqslant 0, Z_2 \leqslant 0, \cdots, Z_N \leqslant 0) \\
&= \sum_{i=1}^{N} F(Z_i) \bigg|_{Z_i=0} - \sum_{1 \leqslant i \leqslant k \leqslant N} F(Z_i, Z_k) \bigg|_{Z_i=Z_k=0} + \\
&\quad \sum_{1 \leqslant i \leqslant k \leqslant t \leqslant N} F(Z_i, Z_k, Z_t) \bigg|_{Z_i=Z_k=Z_t=0} - \cdots + \\
&\quad (-1)^{n-1} F(Z_1, Z_2, \cdots, Z_N) \bigg|_{Z_1=Z_2=\cdots=Z_N=0} \tag{3.4.2}
\end{aligned}
$$

式中: $F(Z_i)$ 为随机变量 Z_i 的概率分布函数; $F(Z_i, Z_k)$ 为随机变量 Z_i 与 Z_k 的二维联合概率分布函数;以此类推, $F(Z_1, Z_2, \cdots, Z_N)$ 为随机变量 $Z_i (i = 1, \cdots, N)$ 的 N 维联合概率分布函数。

　　若考虑坝群内各失效路径之间为完全不相关关系时,坝群超出极限状态风险率 P_s 的估算表达式为:

$$P_s = 1 - \prod_{i=1}^{N} (1 - P_{fi}) \tag{3.4.3}$$

式中：P_{fi} 表示第 i 条失效路径超出极限状态的风险率，由 3.3 节方法确定。

若考虑坝群内各失效路径之间是完全相关关系时，坝群超出极限状态风险率 P_s 的估算表达式为：

$$P_s = \max[P(Z_1 \leqslant 0), P(Z_2 \leqslant 0), \cdots, P(Z_N \leqslant 0)]$$
$$= \max(P_{f1}, P_{f2}, \cdots, P_{fi}, \cdots, P_{fN}) \tag{3.4.4}$$

实际上，坝群内各失效路径间相关关系处于上述两种情况之间，因此，串联形式下坝群超出极限状态风险率 P_s 估算值范围为 $\left[\max(P_{f1}, P_{f2}, \cdots, P_{fi}, \cdots, P_{fN}), 1 - \prod_{i=1}^{N}(1-P_{fi})\right]$。

3.4.1.2 并联形式下梯级坝群超出极限状态风险率估算模型

梯级坝群内失效路径组成为并联形式时，根据系统可靠度理论，坝群超出极限状态风险率 P_s 的估算表达式为：

$$P_s = P(\bigcap_{i=1}^{N}\{Z_i \leqslant 0\}) \tag{3.4.5}$$

式中：Z_i 的含义同式(3.4.1)。将式(3.4.5)中所示的坝群超出极限状态风险率表达式展开，得到：

$$P(\bigcap_{i=1}^{N}\{Z_i \leqslant 0\}) = F(Z_1, Z_2, \cdots, Z_N)\Big|_{Z_1=Z_2=\cdots=Z_N=0} \tag{3.4.6}$$

式中：$F(Z_1, Z_2, \cdots, Z_N)$ 的含义同式(3.4.2)。

若考虑坝群内各失效路径之间为完全不相关关系时，坝群超出极限状态风险率 P_s 的估算表达式为：

$$P_s = \prod_{i=1}^{N} P_{fi} \tag{3.4.7}$$

式中：P_{fi} 的含义同式(3.4.3)。

若考虑坝群内各失效路径之间是完全相关关系时，坝群超出极限状态风险率 P_s 的估算表达式为：

$$P_s = \min(P_{f1}, P_{f2}, \cdots, P_{fi}, \cdots, P_{fN}) \tag{3.4.8}$$

综上，并联形式下坝群超出极限状态风险率 P_s 估算值范围为 $\left[\prod_{i=1}^{N} P_{fi},\right.$

$$\min(P_{f1}, P_{f2}, \cdots, P_{fi}, \cdots, P_{fN})\Big].$$

3.4.1.3　混联形式下梯级坝群超出极限状态风险率估算模型

在串、并联形式下梯级坝群超出极限状态风险率估算模型研究的基础上,本节进一步探究和提出失效路径组成为串并混联形式的梯级坝群超出极限状态风险率估算模型。

设有 M 条失效路径串联组成一个失效路径子系统,再由 N 个失效路径子系统并联组成一个失效路径系统,该系统称为梯级坝群串-并混联系统;设有 M 条失效路径并联组成一个子系统,再由 N 个失效路径子系统串联组成一个失效路径系统,该系统称为梯级坝群并-串混联系统。图 3.4.2 给出了梯级坝群串-并混联与并-串混联系统中失效路径组成形式的示意图。

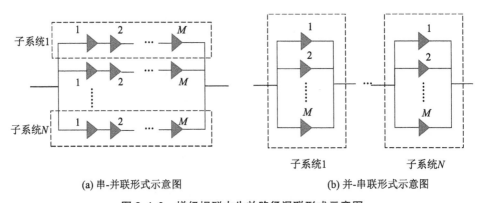

(a) 串-并联形式示意图　　　　　　　　(b) 并-串联形式示意图

图 3.4.2　梯级坝群内失效路径混联形式示意图

对于如图 3.4.2(a)所示,各失效路径为串-并联形式的坝群系统,其失效风险率 P_s 的通用计算表达式为:

$$P_s = P\left(\bigcap_{i=1}^{N}\bigcup_{j=1}^{M}\{Z_{ij} \leqslant 0\}\right) \tag{3.4.9}$$

式中: Z_{ij} 为第 i 个失效路径子系统中第 j 条失效路径的结构状态功能函数。

梯级坝群串-并混联系统中, N 个失效路径子系统间为并联组成关系,将各失效路径子系统分别看成整体,根据式(3.4.6),式(3.4.9)可表示为:

$$P_s = F\big[F_{s1}(0), F_{s2}(0), \cdots, F_{si}(0), \cdots, F_{sN}(0)\big] \tag{3.4.10}$$

式中: $F_{s1}, F_{s2}, \cdots, F_{si}, \cdots, F_{sN}$ 分别为第 $1, 2, \cdots, N$ 个失效路径子系统的

结构状态功能函数随机变量的概率分布函数；$F(F_{s1}, F_{s2}, \cdots, F_{sN})$ 为各失效路径子系统结构状态功能函数随机变量的联合概率分布函数，联合概率分布函数的确定方法在 3.4.2.2 节进一步研究。

第 i 个失效路径子系统结构状态功能函数随机变量的概率分布函数 $F_{si}(i=1, 2, \cdots, N)$ 表达式为：

$$F_{si}(t) = P\left(\bigcup_{j=1}^{M} \{Z_{ij} \leqslant t\}\right) \tag{3.4.11}$$

则式（3.4.10）中 $F_{si}(0)$ 的表达式为：

$$F_{si}(0) = P\left(\bigcup_{j=1}^{M} \{Z_{ij} \leqslant 0\}\right) \tag{3.4.12}$$

进一步地，在梯级坝群串-并混联系统中，第 i 个失效路径子系统由 M 条失效路径串联组成，利用式（3.4.2），式（3.4.12）可展开为：

$$
\begin{aligned}
F_{si}(0) &= P\left(\bigcup_{j=1}^{M} \{Z_{ij} \leqslant 0\}\right) \\
&= \sum_{j=1}^{M} F(Z_{ij})\Big|_{Z_{ij}=0} - \sum_{1 \leqslant j \leqslant k \leqslant M} F(Z_{ij}, Z_{ik})\Big|_{Z_{ij}=Z_{jk}=0} + \\
&\quad \sum_{1 \leqslant j \leqslant k \leqslant t \leqslant M} F(Z_{ij}, Z_{ik}, Z_{it})\Big|_{Z_{ij}=Z_{ik}=Z_{it}=0} - \cdots + \\
&\quad (-1)^{n-1} F(Z_{i1}, Z_{i2}, \cdots, Z_{iN})\Big|_{Z_{i1}=Z_{i2}=\cdots=Z_{iN}=0}
\end{aligned} \tag{3.4.13}
$$

式中：$F(Z_{ij})\Big|_{Z_{ij}=0}$ 表示第 i 个失效路径子系统中第 j 条失效路径的结构状态功能函数小于等于零的概率，即第 i 个失效路径子系统中第 j 条失效路径超出极限状态风险率，记为 $P_{f,ij}$，则式（3.4.13）可表示为：

$$
\begin{aligned}
F_{si}(0) &= P_{f,ij} - \sum_{1 \leqslant j \leqslant k \leqslant M} F(Z_{ij}, Z_{ik})\Big|_{Z_{ij}=Z_{jk}=0} + \\
&\quad \sum_{1 \leqslant j \leqslant k \leqslant t \leqslant M} F(Z_{ij}, Z_{ik}, Z_{it})\Big|_{Z_{ij}=Z_{ik}=Z_{it}=0} - \cdots + \\
&\quad (-1)^{n-1} F(Z_{i1}, Z_{i2}, \cdots, Z_{iN})\Big|_{Z_{i1}=Z_{i2}=\cdots=Z_{iN}=0}
\end{aligned} \tag{3.4.14}
$$

式中：$P_{f,ij}$ 由 3.3 节方法得到；Z_{ij} 为第 i 个失效路径子系统中第 j 条失效路径的结构状态功能函数；$F(Z_{ij}, Z_{ik})$ 为随机变量 Z_{ij}，Z_{ik} 的二维联合概率分布函数；以此类推，$F(Z_{i1}, Z_{i2}, \cdots, Z_{iN})$ 为随机变量 Z_{i1}，Z_{i2}，$\cdots$，Z_{iN} 的 N 维联合概

率分布函数,联合概率分布函数的确定方法在 3.4.2 节介绍。结合式(3.4.10)与式(3.4.14),得到失效路径串 – 并混联形式下,梯级坝群超出极限状态的风险率 P_s。

对于如图 3.4.2(b)所示的梯级坝群并 – 串混联系统,其超出极限状态风险率 P_s 通用估算表达式为:

$$P_s = P(\bigcup_{i=1}^{N} \bigcap_{j=1}^{M} \{Z_{ij} \leqslant 0\}) \qquad (3.4.15)$$

式中: Z_{ij} 的含义同式(3.4.9)。

并 – 串混联系统中各失效路径子系统中,失效路径间为串联连接,将失效路径子系统看作整体,根据式(3.4.2),式(3.4.15)可表示为:

$$P_s = \sum_{i=1}^{N} F_{si}(0) - \sum_{1 \leqslant i \leqslant k \leqslant N} F[F_{si}(0), F_{sk}(0)] +$$
$$\sum_{1 \leqslant i \leqslant k \leqslant t \leqslant N} F[F_{si}(0), F_{sk}(0), F_{st}(0)] - \cdots +$$
$$(-1)^{n-1} F[F_{s1}(0), F_{s2}(0), \cdots, F_{sN}(0)] \qquad (3.4.16)$$

式中: F_{s1}, F_{s2}, $\cdots$, F_{si}, $\cdots$, F_{sN} 的含义同式(3.4.10); $F(F_{si}, F_{sk})$ 为第 i、k 个失效路径子系统结构状态功能函数随机变量的二维联合概率分布函数,以此类推, $F(F_{s1}, F_{s2}, \cdots, F_{sN})$ 为 N 个失效路径子系统结构状态功能函数随机变量的联合概率分布函数,联合概率分布函数的确定方法同式(3.4.14)。式(3.4.16)中第 i 个失效路径子系统结构状态功能函数随机变量的概率函数 $F_{si}(i=1, 2, \cdots, N)$ 表达式为:

$$F_{si}(t) = P(\bigcap_{j=1}^{M} \{Z_{ij} \leqslant t\}) \qquad (3.4.17)$$

则式(3.4.16)中 $F_{si}(0)$ 的表达式为:

$$F_{si}(0) = P(\bigcap_{j=1}^{M} \{Z_{ij} \leqslant 0\}) \qquad (3.4.18)$$

在梯级坝群并-串混联系统中,第 i 个失效路径子系统由 M 个失效路径串联组成,根据式(3.4.6),式(3.4.18)可进一步展开为:

$$F_{si}(0) = P(\bigcap_{j=1}^{M} \{Z_{ij} \leqslant 0\})$$
$$= F(Z_{i1}, Z_{i2}, \cdots, Z_{iN})\Big|_{Z_{i1}=Z_{i2}=\cdots=Z_{iN}=0} \qquad (3.4.19)$$

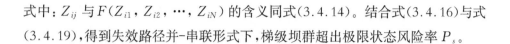

式中：Z_{ij} 与 $F(Z_{i1}, Z_{i2}, \cdots, Z_{iN})$ 的含义同式(3.4.14)。结合式(3.4.16)与式(3.4.19)，得到失效路径并-串联形式下，梯级坝群超出极限状态风险率 P_s。

3.4.2 梯级坝群超出极限状态风险率估算方法

3.4.1节研究了在失效路径组成为串、并、混联形式下的梯级坝群超出极限状态风险率估算模型，在求解风险率时，需要解决模型中各失效路径结构状态功能函数的联合概率分布函数构建问题。传统求解方法将坝群系统内各失效路径间关系简化为完全相关和完全不相关两种情况，难以反映其间真实的相关关系，因而降低了坝群超出极限状态风险率估算的精度。为此，本书引入 Copula 函数[189, 190]来构建考虑随机变量间相关关系的坝群联合概率分布函数，由此解决上述问题，并提出混联形式下梯级坝群超出极限状态风险率估算的实现技术。

3.4.2.1 基于 Copula 函数构建坝群系统各失效路径结构功能函数联合概率分布函数的方法

基于 Copula 函数构建失效路径结构状态功能函数联合概率分布函数，需要解决下列两个问题：一是估计 Copula 函数中未知参数；二是确定最佳 Copula 函数形式。下面在对常用的 Copula 函数表达形式研究的基础上，重点探究解决上述问题的方法，由此构建坝群系统结构状态功能函数联合概率分布函数。

（1）Copula 函数的常用形式

目前使用最为广泛的 Copula 函数有椭圆族 Copula 函数（Elliptical Copula）和阿基米德族 Copula 函数（Archimedean Copula）。椭圆族 Copula 函数主要包括正态 Copula 函数和 t - Copula 函数，阿基米德族 Copula 函数主要包括 Gumbel Copula 函数、Clayton Copula 函数和 Frank Copula 函数，下面研究常用 Copula 函数的表达形式。

设 N 维随机向量 $\boldsymbol{X} = (X_1, X_2, \cdots, X_N)$，则 N 维正态 Copula 函数表达式为：

$$C(u_1, u_2, \cdots, u_N) = \Phi_{\Gamma, n}[\phi^{-1}(u_1), \phi^{-1}(u_2), \cdots, \phi^{-1}(u_N)] \quad (3.4.20)$$

式中：$\Phi_{\Gamma, n}$ 为 N 维标准正态分布函数形式；ϕ^{-1} 为一维标准正态分布函数的反函数；$u_1, u_2, \cdots, u_N$ 分别为随机变量 $X_i(i=1, 2, \cdots, N)$ 的边缘分布函数。

对于 N 维随机向量 $\boldsymbol{X}=(X_1,X_2,\cdots,X_N)$，自由度为 v 的 N 维 t-Copula 函数表达式为：

$$C(u_1,u_2,\cdots,u_N;v)=T_{R,v}\left[t_{v_1}^{-1}(u_1),t_{v_2}^{-1}(u_2),\cdots,t_{v_N}^{-1}(u_N)\right] \quad (3.4.21)$$

式中：$T_{R,v}$ 为 N 维 t 分布函数；$t_{v_1}^{-1}$ 表示自由度为 v_1 的一维 t 分布函数；u_1，u_2，$\cdots$，u_N 的含义同式(3.4.20)。

Copula 函数族中的另一大类是阿基米德族 Copula 函数，阿基米德族 Copula 函数具有对称、可结合、计算简单等优势，实际应用较广。设 φ 是定义在定义域 I 上严格递减的连续函数，值域为 $(0,+\infty)$，且 $\varphi(1)=0$，令

$$\varphi^{[-1]}(t)=\begin{cases}\varphi^{-1}(t) & 0\leqslant t\leqslant\varphi(0)\\ 0 & \varphi(0)\leqslant t\leqslant+\infty\end{cases} \quad (3.4.22)$$

则函数 $C(u,v)=\varphi^{[-1]}[\varphi(u)+\varphi(v)]$ 为阿基米德族 Copula 函数，$\varphi(\cdot)$ 为生成函数，u，v 为随机变量的边缘分布函数。

依据式(3.4.22)，表 3.4.1 中列出了三种常用的阿基米德族 Copula 函数的生成函数与相应的参数取值范围。

表 3.4.1　常用的阿基米德族 Copula 函数的生成函数及其参数取值范围

序号	函数名称	生成函数形式	参数范围	$C_\theta(u,v)$
1	Clayton	$\dfrac{1}{\theta}(t^{-\theta}-1)$	$(0,\infty)$	$(u^{-\theta}+v^{-\theta}-1)^{-1/\theta}$
2	Gumbel	$[-\ln(t)]^\theta$	$[1,\infty)$	$\exp\left\{-\left[(-\ln u)^{1/\theta}+(-\ln v)^{1/\theta}\right]^\theta\right\}$
3	Frank	$-\ln\left(\dfrac{e^{-\theta t}-1}{e^{-\theta}-1}\right)$	$(-\infty,+\infty)\backslash\{0\}$	$-\dfrac{1}{\theta}\ln\left[1+\dfrac{(e^{-\theta u}-1)(e^{-\theta v}-1)}{e^{-\theta}-1}\right]$

为进一步明确 Copula 函数的表达式，下面将研究 Copula 函数中未知参数的确定方法。

(2) Copula 函数中参数的确定

常用于 Copula 函数参数估计的方法有极大似然估计、分布估计等方法，但以上方法需事先确定边缘分布函数，如果边缘分布函数选取不当，会导致所得的参数估计结果与实际情况有较大偏差。为解决上述问题，本书利用半参数法估计 Copula 函数中未知参数。

基于 Copula 函数构建的 N 维随机向量 $(X_1,X_2,\cdots,X_N)$ 的联合概率分

布函数为：

$$F(X_1, X_2, \cdots, X_N) = C[F_1(X_1), F_2(X_2), \cdots, F_N(X_N); \theta] \quad (3.4.23)$$

式中：$F_1(X_1)$，$F_2(X_2)$，$\cdots$，$F_N(X_N)$ 分别为随机变量 X_1，X_2，$\cdots$，X_N 的边缘分布函数；θ 为待估计参数。

由式(3.4.23)建立参数估计样本 x_{1j}，x_{2j}，$\cdots$，$x_{Nj}(j=1, 2, \cdots, M)$ 的似然函数表达式 $L(\theta)$：

$$L(\theta) = \prod_{j=1}^{M} c[F_1(x_{1j}), F_2(x_{2j}), \cdots, F_N(x_{Nj}); \theta] \quad (3.4.24)$$

式中：$c(\cdot)$ 为 Copula 函数的密度函数；M 为参数估计样本数目。

在半参数估计法中，采用经验分布函数 $\hat{F}_i(x_i)(i=1, 2, \cdots, N)$ 代替边缘分布函数 $F_i(x_i)(i=1, 2, \cdots, N)$，则式(3.4.24)可表示为：

$$L(\theta) = \prod_{j=1}^{M} c[\hat{F}_1(x_{1j}), \hat{F}_2(x_{2j}), \cdots, \hat{F}_N(x_{Nj}); \theta] \quad (3.4.25)$$

其中，

$$\hat{F}_i(x_{ij}) = \frac{1}{M} \sum_{j=1}^{M} I(x_{ij} \leqslant t) \quad (3.4.26)$$

式中：$I(x_{ij} \leqslant t)$ 为指示函数，当 $x_{ij} \leqslant t$ 时，$I(x_{ij} \leqslant t)=1$，反之 $I(x_{ij} \leqslant t)=0$。

对式(3.4.25)左右两边取对数，得到对数似然估计函数 $\ln L(\theta)$，即：

$$\ln L(\theta) = \sum_{j=1}^{M} \ln c[\hat{F}_1(x_{1j}), \hat{F}_2(x_{2j}), \cdots, \hat{F}_N(x_{Nj}); \theta] \quad (3.4.27)$$

根据最大似然估计原理，式(3.4.24)取到最大值时可求得参数估计值 $\hat{\theta}$，即：

$$\hat{\theta} = \arg\max \sum_{j=1}^{M} \ln c[\hat{F}_1(x_{1j}), \hat{F}_2(x_{2j}), \cdots, \hat{F}_N(x_{Nj}); \theta] \quad (3.4.28)$$

将式(3.4.28)确定的参数估计结果 $\hat{\theta}$ 代入表 3.4.1 中待选 Copula 函数的表达式，构建出多个待选的随机变量 X_1，X_2，$\cdots$，X_N 联合概率分布。

（3）最佳 Copula 函数形式的选择

基于不同形式 Copula 函数所构建的联合概率分布，对实际的联合概率分布拟合效果有所不同,本书利用均方根误差 $RMSE$ 和 AIC 指标评估方法,从不同角度考量 Copula 函数的拟合效果,并由此确定最佳 Copula 函数形式。

① AIC 指标评估方法

该方法通过 AIC 检验指标从拟合优度及复杂度两方面综合考量待选 Copula 函数, AIC 指标表达式为:

$$AIC = -2\ln(L) + 2m \qquad (3.4.29)$$

式中: L 为待选 Copula 函数分布的最大似然估计,由式(3.4.25)确定; m 是待选 Copula 函数分布中参数个数。 AIC 越小,说明待选 Copula 函数分布的拟合效果越好。

② 均方根误差 $RMSE$ 指标评估方法

该方法通过度量待选 Copula 函数分布与随机变量 X_1, X_2, $\cdots$, X_N 经验联合概率分布的差异来优选 Copula 函数。给定随机变量样本 x_{1j}, x_{2j}, $\cdots$, $x_{Nj}(j=1, 2, \cdots, M)$, $RMSE$ 指标的表达式为:

$$RMSE = \sqrt{\frac{1}{M}\sum_{j=1}^{M}\left[C(x_{1j}, x_{2j}, \cdots, x_{Nj}) - \widehat{F}(x_{1j}, x_{2j}, \cdots, x_{Nj})\right]^2}$$

$$(3.4.30)$$

式中: M 为样本容量; $C(x_{1j}, x_{2j}, \cdots, x_{Nj})$ 为待选 Copula 函数的概率分布; $\widehat{F}(x_{1j}, x_{2j}, \cdots, x_{Nj})$ 为随机变量 X_1, X_2, $\cdots$, X_N 经验联合概率分布。 $RMSE$ 越小,说明待选 Copula 函数分布与样本所反映的随机变量 X_1, X_2, $\cdots$, X_N 经验联合概率分布间差异小,该待选 Copula 函数分布形式更能刻画实际情况。

为综合反映两种评估方法的结果,本书构造综合评估指标 I_t ,其表达式为:

$$I_t = a_t + b_t \qquad (3.4.31)$$

式中: a_t 和 b_t 分别为对第 t 种待选 Copula 函数评估的 AIC 与 $RMSE$ 指标归一化后的结果,其表达式分别为:

$$a_t = \frac{AIC_t - \min(AIC_t)}{\max(AIC_t) - \min(AIC_t)} \qquad (3.4.32)$$

$$b_t = \frac{RMSE_t - \min(RMSE_t)}{\max(RMSE_t) - \min(RMSE_t)} \qquad (3.4.33)$$

式中：AIC_t、$RMSE_t$ 分别为对第 t 种待选 Copula 函数评估的 AIC 与 $RMSE$ 指标结果。

（4）坝群系统失效路径结构功能函数联合概率分布函数的构建

设梯级坝群中有 d 条失效路径，它们的结构状态功能函数随机向量记为 $(Z_1，\cdots，Z_d)$，则 d 维结构状态功能函数随机向量的联合概率分布函数为 $F(Z_1，Z_2，\cdots，Z_d)$，利用 Copula 函数，d 维结构状态功能函数随机向量 $(Z_1，\cdots，Z_d)$ 的联合概率分布函数 $F(Z_1，Z_2，\cdots，Z_d)$ 可表示为：

$$F(Z_1，Z_2，\cdots，Z_d)=C[F_1(Z_1)，F_2(Z_2)，\cdots，F_d(Z_d)] \quad (3.4.34)$$

式中：$F_1(Z_1)$，$F_2(Z_2)$，$\cdots$，$F_d(Z_d)$ 分别为各失效路径结构状态功能函数变量 $Z_i(i=1，2，\cdots，d)$ 的边缘分布函数，其形式在指数分布函数（Exponential distribution）、伽马分布函数（Gamma distribution）、对数正态分布函数（Logarithmic normal distribution）以及威布尔分布函数（Weibull distribution）中选取，具体的选取过程同 2.3.2.1 节中随机变量概率分布函数的确定过程。

3.4.2.2 基于 Copula 函数的梯级坝群超出极限状态风险率估算实现技术

上文研究和提出了梯级坝群各失效路径结构状态功能函数联合概率分布函数构建方法，以此为基础，结合本书 3.4.1 节研究成果，提出基于 Copula 函数的坝群超出极限状态风险率估算实现技术，下面以混联形式下的坝群系统为例，研究坝群超出极限状态风险率估算的实现过程，图 3.4.3 为梯级坝群混联系统超出极限状态风险率估算流程，具体步骤如下。

步骤 1：利用指数分布函数、伽马分布函数、对数正态分布函数以及威布尔分布函数，确定梯级坝群中各条失效路径、失效路径子系统的结构状态功能函数随机变量 Z_{ij}、$\bigcup\limits_{j=1}^{M} Z_{ij}$、$\bigcap\limits_{j=1}^{M} Z_{ij}$ 的边缘概率分布函数 $F(Z_{ij})$、$F(\bigcup\limits_{j=1}^{M} Z_{ij})$、$F(\bigcap\limits_{j=1}^{M} Z_{ij})$。

混联形式下梯级坝群超出极限状态风险率估算表达式中，涉及失效路径、失效路径子系统的结构状态功能函数随机变量的联合概率分布，基于 Copula 函数构建上述两种联合概率分布函数的思路完全相同。下面以随机变量 $Z_{ij}(i=1，2，\cdots，N)$ 为例，研究 N 维联合概率分布函数的构建过程。

步骤 2：根据半参数估计方法，将各边缘分布函数 $F(Z_{ij})(i=1，2，\cdots，N)$ 代入各待选 Copula 函数。基于 M 组参数估计样本，利用式（3.4.24）至式

(3.4.28),求得五种待选 Copula 函数中的参数估计结果 $\hat{\theta}$。

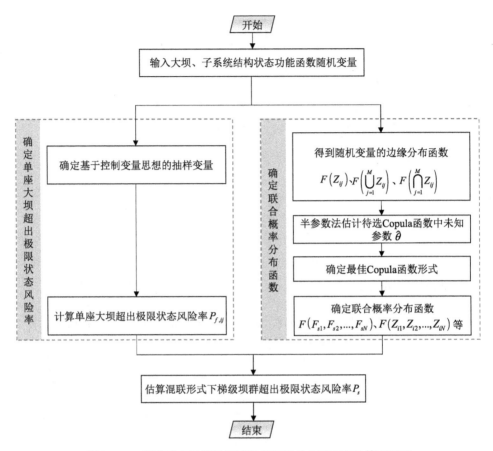

图 3.4.3　混联形式下梯级坝群超出极限状态风险率估算流程图

步骤 3：基于步骤 2 得到的 $\hat{\theta}$，确定五种待选 Copula 函数构造的随机变量 Z_{ij} 的 N 维联合概率分布函数表达式 $C_t[F_1(Z_{1j}), F_2(Z_{2j}), \cdots, F_N(Z_{Nj}); \hat{\theta}_t]$，$t$ 为待选 Copula 函数的序号,利用式(3.4.29)至式(3.4.30)分别计算 AIC 指标与 $RMSE$ 指标结果,由式(3.4.31)得到待选 Copula 函数的综合评估指标 I_t,使 I_t 取值最小的 Copula 函数形式为最佳 Copula 函数。

步骤 4：重复步骤 2～3,求得混联形式下坝群超出极限状态风险率 P_s 估算表达式中所有的联合概率分布函数,结合 3.3 节中得到的各单座大坝失效路径超出极限状态风险率 $P_{f,ij}$ 结果,根据 3.4.2.1 节方法估算得到混联形式下坝群超出极限状态风险率 P_s。

3.5　工程实例

　　Y 江流域下游某河段自上而下分布有 3 座大坝,如图 3.5.1 所示,图中箭头方向为水流方向,该流域内三座大坝的基本工程资料如下。

　　A 坝:混凝土双曲薄拱坝,水库总库容 77.65 亿 m³,正常蓄水位 1 880 m,死水位 1 800 m,调节库容 49.1 亿 m³,属年调节水库,拦河坝为混凝土双曲拱坝。

　　B 坝:碾压混凝土重力坝,坝顶高程 1 334 m,最大坝高 168 m,多年平均流量 1 430 m³/s,正常蓄水位 1 330 m,总库容 7.6 亿 m³,具有年调节性能。

　　C 坝:混凝土抛物线型双曲拱坝,最大坝高 240 m,坝顶弧长 774.69 m,水库正常蓄水位 1 200 m,总库容 58 亿 m³,调节库容 33.7 亿 m³。

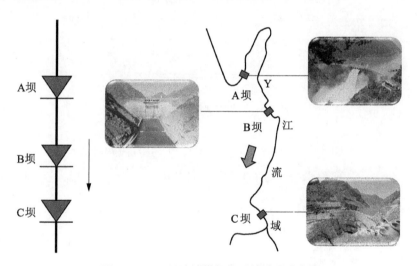

图 3.5.1　Y 江流域梯级坝群的地理分布图

3.5.1　单座大坝超出极限状态风险率估算

　　在本流域内,坝群中三座大坝包括两座混凝土拱坝(A 坝与 C 坝)及一座碾压混凝土重力坝(B 坝),本节以图 3.5.2 所示的 B 坝典型断面作为计算断面,将 B 坝的外部轮廓几何尺寸均视为确定值,由 3.2 节中重力坝结构状态功能函数的构建方法,确定 B 坝坝基面抗滑稳定、坝趾抗压与坝踵抗拉功能函数,如式(3.5.1)至式(3.5.3)所示。

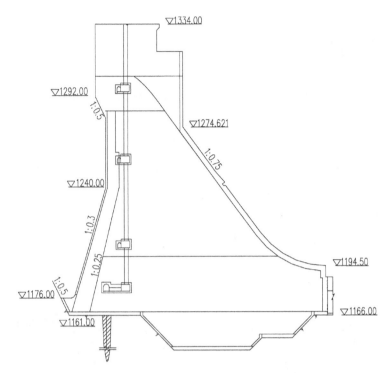

图 3.5.2　B 坝典型断面剖面图

$$Z_1 = (3\,597\gamma_c - 365\alpha H_1 - 30H_1 - 344H_2)f' +$$
$$73\,000c' - 5H_1^2 + 5H_2^2 - 12\,612 \tag{3.5.1}$$

$$Z_2 = \sigma_t + 394.61\gamma_c - 19.13\alpha H_1 - 4.38H_1 - 2.31 \times$$
$$10^3 H_1^3 + 9.12\alpha H_2 - 2.38H_2 - 2.54 \times 10^3 H_2^3 \tag{3.5.2}$$

$$Z_3 = \sigma_c + 31.75\gamma_c + 3.13\alpha H_1 + 3.38H_1 - 4.01 \times$$
$$10^3 H_1^3 + 3.31\alpha H_2 - 2.78H_2 + 2.54 \times 10^3 H_2^3 \tag{3.5.3}$$

根据工程设计资料,式(3.5.1)至式(3.5.3)中随机变量统计特征参数与分布类型见表 3.5.1。

表 3.5.1　随机变量统计特征表

随机变量	均值	标准差	变异系数	分布类型
上游水深 H_1（m）	164	3.68	0.03	正态
下游水深 H_2（m）	37	0.93	0.03	正态

续表

随机变量	均值	标准差	变异系数	分布类型
坝体混凝土容重 γ_c（kN/m³）	24	0.32	0.02	正态
坝基抗剪断凝聚力 c'（MPa）	1.75	0.33	0.30	对数正态
坝基抗剪断摩擦系数 f'	1.3	0.25	0.20	正态
扬压力折减系数 α	0.30	0.037 5	0.15	正态
混凝土抗压强度 σ_c（MPa）	30	3.75	0.12	对数正态
混凝土抗拉强度 σ_t（MPa）	2.5	0.235	0.12	对数正态

依据 B 坝结构状态功能函数和表 3.5.1 给出的各函数内随机变量的统计参数，利用 3.3 节中改进的子集抽样方法估算 B 坝超出极限状态的风险率。基于以往研究，本次计算中各中间事件发生的概率 P_0 取 0.1，失效域样本数 N 取 1 000。以 B 坝建基面超出抗滑稳定极限状态风险率估算过程为例，对结构状态功能函数中随机变量抽样并估算，得到各子集失效域的阈值 b_i 与控制变量系数 α_i 的估算结果，如表 3.5.2 所示。综合各子集失效域的控制变量系数 α_i，基于式（3.3.19），估算得到 B 坝建基面超出抗滑稳定极限状态风险率为 6.58×10^{-5}。

表 3.5.2 B 坝建基面超出抗滑稳定极限状态风险率估算结果

失效域子集数 i	b_i	α_i	风险率 p_f
1	6.369	0.1	
2	5.164	0.12	
3	3.596	0.130 7	6.58×10^{-5}
4	0.765	0.138 3	
5	0	0.303 3	

采用改进的子集抽样方法，确定在另两种主要失效模式下 B 坝超出极限状态风险率，结果见表 3.5.3。

表 3.5.3 主要失效模式下 B 坝超出极限状态风险率估算结果

结构状态功能函数	建基面抗滑稳定	坝踵抗拉	坝趾抗压
风险率	6.58×10^{-5}	3.02×10^{-7}	4.38×10^{-7}

为验证所提方法的有效性,本节运用普通蒙特卡罗法与子集抽样法,估算在主要失效模式下 B 坝超出极限状态风险率。图 3.5.3 给出了三种方法估算的风险率结果。

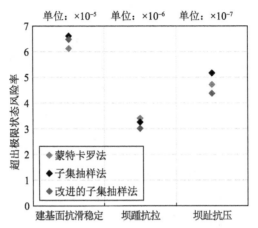

图 3.5.3　不同抽样方法估算 B 坝超出极限状态风险率值

由图 3.5.3 可以看出,传统的子集抽样方法与改进的子集抽样方法确定的 B 坝超出极限状态风险率值与蒙特卡罗法确定的结果十分接近。以蒙特卡罗法估算值作为参照,另两种方法的估算结果与参照值间的偏差均小于 10%,说明另两种方法所得结果合理有效。为进一步考察单座大坝超出极限状态风险率估算方法的稳定性,分别采用传统的子集抽样方法与改进的子集抽样方法,估算 B 坝建基面超出稳定极限状态风险率 50 次。结果表明,传统的子集抽样方法与改进的子集抽样方法估算风险率结果均值分别为 6.71×10^{-5} 与 6.67×10^{-5},方差分别为 0.193 与 0.131,因此,相比于传统的子集抽样方法,改进的子集抽样方法的稳定性有所改善。

B 坝主要失效模式下超出极限状态风险率中最大值为 6.58×10^{-5},为保证工程安全,取该值代表 B 坝超出极限状态风险率。

为研究 A 坝与 C 坝超出极限状态的风险率,本节建立相应的大坝三维有限元计算网格模型。以 A 坝为例,图 3.5.4 给出了该坝坝体及近坝山体的有限元计算网格模型,图中网格划分以六结点三棱柱单元为主,网格总数为 39 537,结点总数为 31 941。

采用 Python 3.6 编程软件与 ABAQUS 6.14 有限元分析软件估算 A 坝超出极限状态的风险率。表 3.5.4 给出了有限元计算过程中所需的 A 坝坝体及

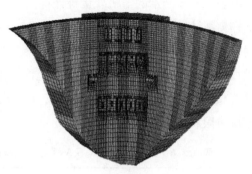

(a) A坝坝体及近坝山体　　　　　　　　　　(b) A坝坝体

图 3.5.4 A 坝坝体及近坝山体三维有限元计算网格模型

近坝山体的力学参数。

表 3.5.4 A 坝坝体及近坝山体力学参数表

材料	容重 (kg/m³)	变形模量 (GPa)	泊松比	抗剪断系数	
				c' (MPa)	f'
坝体	2 400	24	0.167	5.00	1.70
Ⅱ类岩石	2 720	28	0.250	2.00	1.35
Ⅲ₁类岩石	2 720	12	0.250	1.50	1.07
Ⅲ₂类岩石	2 720	8	0.300	0.90	1.02
Ⅳ₁类岩石	2 600	11	0.350	0.60	0.70
Ⅳ₂类岩石	2 600	6	0.350	0.40	0.60
Ⅴ₁类岩石	2 600	0.6	0.350	0.02	0.30

本节选取上、下游水位及坝体混凝土抗压强度、抗拉强度,作为 A 坝结构状态确定过程中的随机变量,表 3.5.5 给出了各随机变量的统计特征值。

表 3.5.5 A 坝随机变量统计特征

随机变量	均值	标准差	变异系数	分布类型
上游水位(m)	300	2.73	0.02	正态
下游水位(m)	60	0.61	0.035	正态
坝体混凝土抗压强度(MPa)	30	3.75	0.12	对数正态
坝体混凝土抗拉强度(MPa)	2.5	0.235	0.12	对数正态

由表 3.5.5 所示的随机变量统计特征,通过 Python 3.6 软件编写改进的子集抽样模拟计算程序,并将每组算法生成的抽样参数样本代入 ABAQUS 有限元网格计算模型中,得到有限元结构计算结果。结合有限元计算结果与 3.2 节中拱坝功能函数,确定 A 坝结构状态,统计超出极限状态下的参数样本数量,由此估算超出极限状态的风险率。表 3.5.6 给出了在各主要失效模式下 A 坝与 C 坝超出极限状态风险率结果。

表 3.5.6 主要失效模式下 A 坝与 C 坝超出极限状态风险率估算结果

功能函数	强度安全	坝肩抗滑稳定
A 坝	5.19×10^{-7}	1.67×10^{-7}
C 坝	1.43×10^{-6}	3.64×10^{-7}

同样,选取在各失效模式下 A 坝与 C 坝超出极限状态风险率的最大值作为大坝超出极限状态的风险率,综上,由改进的子集抽样方法,得到 Y 江流域三座大坝超出极限状态的风险率分别为:5.19×10^{-7}(A 坝)、6.58×10^{-5}(B 坝)及 1.43×10^{-6}(C 坝)。

3.5.2 梯级坝群超出极限状态风险率估算

由图 3.5.1 可以看出,该流域内的三座大坝失效路径组成一个串联系统,根据 3.4 节中给出的串联形式下梯级坝群超出极限状态风险率估算模型,该梯级坝群超出极限状态风险率估算表达式为:

$$
\begin{aligned}
P_s &= P(Z_1 \leqslant 0, Z_2 \leqslant 0, Z_3 \leqslant 0) \\
&= P_{f1} + P_{f2} + P_{f3} - C_1(P_{f1}, P_{f2}) - C_2(P_{f2}, P_{f3}) - \\
&\quad C_3(P_{f1}, P_{f3}) + 2C(P_{f1}, P_{f2}, P_{f3}) \\
&= P_{f1} + P_{f2} + P_{f3} - C_1[F(Z_1), F(Z_2)] - C_2[F(Z_2), F(Z_3)] - \\
&\quad C_3[(F(Z_1), F(Z_3)] + 2C[F(Z_1), F(Z_2), F(Z_3)]
\end{aligned}
$$

$$(3.5.4)$$

式(3.5.4)中的 $P_{fi}(i=1, 2, 3)$ 由 3.5.1 节中介绍的估算过程确定,下面利用 3.4 节中的 Copula 函数估算式(3.5.4)中后四项,即功能函数联合概率分布 $C_1[F(Z_1), F(Z_2)]$、$C_2[F(Z_1), F(Z_3)]$、$C_3[F(Z_2), F(Z_3)]$ 与 $C[F(Z_1), F(Z_2), F(Z_3)]$ 的结果,其中 Z_1、Z_2、Z_3 分别对应 A 坝、B 坝与 C

坝失效路径的结构状态功能函数。

　　根据 3.4.2.2 节中方法,构建 Copula 函数前需先确定 A 坝、B 坝、C 坝失效路径的结构状态功能函数概率分布形式,记作 $F(Z_1)$、$F(Z_2)$、$F(Z_3)$。本书从常用的理论分布函数,包括指数分布、伽马分布、对数正态分布与威布尔分布函数中,选取最合适各座大坝失效路径的结构状态功能函数分布。表 3.5.7 给出了该流域各大坝失效路径结构状态功能函数待选理论分布的参数估计结果。

表 3.5.7　各大坝失效路径结构状态功能函数分布参数估计结果

分布函数	参数	指数分布	伽马分布	对数正态分布	威布尔分布
$F(Z_1)$	A	0.95	1.42	0.44	1.02
	B	—	0.67	0.99	1.21
$F(Z_2)$	A	0.24	1.23	1.89	0.25
	B	—	0.19	1.11	1.11
$F(Z_3)$	A	0.27	4.25	2.84	1.25
	B	—	0.15	0.131	2.11

　　为确定最贴近实际大坝失效路径结构状态功能函数的分布形式,本书构造均方根误差 RMSE、AIC 指标与综合评估指标 I_t,评估理论分布的拟合效果。图 3.5.5 给出了各大坝失效路径结构状态功能函数分布的检验指标结果。

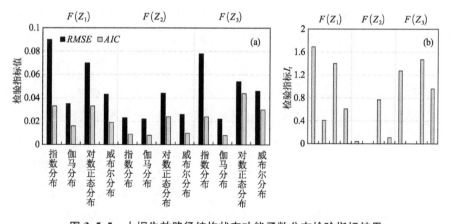

图 3.5.5　大坝失效路径结构状态功能函数分布检验指标结果

由图 3.5.5 可以看出,对于坝群内三座大坝而言,四种常用的理论分布函数中,伽马分布函数的 $RMSE$、AIC 与 I_t 的值均小于其他理论分布函数,说明应选取伽马分布函数作为各大坝失效路径结构状态功能函数。

基于已确定的各大坝失效路径结构状态功能函数概率分布,根据 3.4.2.2 节中方法,通过半参数法估计待选 Copula 联合概率分布函数的参数,并构建待选的 Copula 联合概率分布函数,结果见表 3.5.8。为确定最佳 Copula 函数的形式,依据式(3.4.31)计算各待选 Copula 函数的综合评估指标 I_t,结果见表 3.5.8。

表 3.5.8　Copula 联合概率分布函数参数估计及各检验指标结果

Copula 联合概率分布函数	参数	$RMSE$	AIC	I_t
Clayton Copula 函数	1.423	0.040	0.026	0.00
Frank Copula 函数	5.577	0.064	0.034	2.00
Gumbel Copula 函数	1.876	0.043	0.028	0.38

经对表 3.5.8 所示的待选 Copula 联合概率分布函数检验指标结果的比较,确定梯级坝群失效路径结构状态功能函数联合概率分布的最佳表征形式为 Clayton Copula 函数,其表达式为:

$$F(Z_1, Z_2, Z_3) = (u_1^{-1.4226} + u_2^{-1.4226} + u_3^{-1.4226} - 1)^{\frac{-1}{-1.4226}} \quad (3.5.5)$$

式中,u_1、u_2、u_3 分别表示 A 坝、B 坝、C 坝失效路径的结构状态功能函数概率分布,其分布形式为伽马分布。u_1 的分布函数参数取为 1.42、0.62;u_2 的分布函数参数取为 1.23、0.19;u_3 的分布函数参数取为 4.25、0.15。

参照上述过程,进一步得到 $C_1[F(Z_1), F(Z_2)]$、$C_2[F(Z_1), F(Z_3)]$、$C_3[F(Z_2), F(Z_3)]$ 的表达式,由此确定式(3.5.4)中后四项的结果 $C_1(P_{f1}, P_{f2})$、$C_2(P_{f2}, P_{f3})$、$C_3(P_{f1}, P_{f3})$ 与 $C(P_{f1}, P_{f2}, P_{f3})$,分别为 9.60×10^{-5}、8.72×10^{-5}、2.76×10^{-5} 与 1.05×10^{-4},基于 Copula 函数的梯级坝群超出极限状态风险率的结果为 6.70×10^{-5}。为验证基于 Copula 函数的梯级坝群超出极限状态风险率估算方法的有效性,将 Copula 函数方法与简化界限法、窄界限法的估算结果进行对比,表 3.5.9 给出了三种方法的估算结果。

表 3.5.9　不同方法估算的坝群超出极限状态风险率结果

估算方法		坝群超出极限状态风险率 p_s
简化界限法	失效路径完全独立	6.77×10^{-5}
	失效路径完全相关	6.58×10^{-5}
窄界限法	上限	6.75×10^{-5}
	下限	6.61×10^{-5}
Copula 函数		6.70×10^{-5}

由表 3.5.9 中结果可以看出,使用 Copula 函数法估算出的坝群超出极限状态风险率同时在简化界限法与窄界限法的估算结果范围内,验证了基于 Copula 函数的梯级坝群超出极限状态风险率求解方法的合理性。

3.6　本章小结

本章通过对重力坝、拱坝及土石坝主要失效模式下结构状态功能函数特点的研究,基于概率和可靠度分析理论,提出了融合子集抽样与控制变量的单座大坝超出极限状态的风险率估算技术,构建了失效路径不同连接形式下梯级坝群超出极限状态的风险率估算方法,主要研究内容及成果如下。

(1) 为提高传统抽样方法估算单座大坝风险率的效率,研究了子集抽样方法的原理,并引入控制变量对传统子集抽样方法进行改进,借助控制变量思想,构建了大坝超出极限状态的风险率估算的抽样变量,由此提出了基于控制变量-子集抽样的单座大坝失效风险率估算方法及实现技术。

(2) 在单座大坝失效风险率估算方法研究的基础上,考虑梯级坝群失效路径不同的连接形式,探究了梯级坝群失效路径串联、并联和混联系统失效风险率估算模型,以此为基础,基于 Copula 函数,构建了失效风险率估算模型中联合概率分布函数,据此提出了梯级坝群系统超出极限状态的风险率估算方法。

第四章

梯级坝群实时风险率估算方法

4.1 引言

上一章基于概率和可靠度分析理论，研究了坝群超出极限状态的风险率估算方法，为本章研究并提出梯级坝群实时风险率估算方法提供了基础。

梯级坝群由各单座大坝组成，因此研究单座大坝的实时风险率估算方法，是实现坝群实时风险率估计的前提。传统的基于概率和可靠度分析的方法，在估算单座大坝超出极限状态的风险率时较为有效，但难以反映对应风险对大坝的实时影响程度，也未体现各风险综合作用对单座大坝的影响。此外，梯级坝群作为一个具有安全余量的系统，需要评估系统内各单座大坝的风险状态，以及系统的整体风险状态，目前尚未找到较为理想的分析方法。

针对上述问题，本章基于实测效应量资料和克里金插值方法，构建单座大坝的同类实测效应量场，结合第三章研究成果，探究以同类实测效应量表征大坝实时风险的方法，建立相应的实时风险率分析模型，并运用投影寻踪法，经对不同类型实测效应量反映的大坝实时风险的有机融合，提出单座大坝实时风险率估算方法。以此为基础，引入 k/N 系统可靠度理论，构建梯级坝群实时风险率估算模型，运用递归思想，借助递归计算与通用生成函数，提出梯级坝群实时风险率求解方法，由此实现对梯级坝群风险影响程度的实时度量。

4.2 同类实测效应量场的确定

大坝实测效应量能直观反映其结构运行状态，但在实际工程中存在监测点布设有限或仪器损毁等情况，导致所关注位置的实测效应量数据不完备。为掌握所关注位置的实测效应量变化规律，本节基于普通克里金插值法（Ordinary Kriging，OK）[191, 192]，研究同类实测效应量场的构建方法。

4.2.1　同类实测效应量场构建方法

令 $z(s_0)$ 为大坝任意位置 s_0 处的同类实测效应量值,对于 $z(s_0)$ 而言,其主要由两部分组成,一是基于物理力学理论分析推导得到的实测效应量理论值,记作实测效应量基础分量 $m(s_0)$;二是在实际工程建设中,由于材料不均匀性、浇筑、温控等因素影响产生的实测效应量变化值,记作空间变异分量 $e(s_0)$,由此, $z(s_0)$ 的计算公式为:

$$z(s_0) = m(s_0) + e(s_0) \tag{4.2.1}$$

下面进一步研究有关 $m(s_0)$ 与 $e(s_0)$ 的确定方法。

4.2.1.1　基础分量 $m(s_0)$ 的确定

为表征实测效应量的时空分布特点,本书选取时空监控模型估计实测效应量中基础分量 $m(s_0)$。 基于实测效应量时空监控模型,式(4.2.1)中实测效应量的基础分量 $m(s_0)$ 表达式为:

$$m(s_0) = f(H, T, \theta, x, y, z) \tag{4.2.2}$$

式中: $f(H, T, \theta, x, y, z)$ 用于描述空间位置 s_0 处的实测效应量基础分量。根据坝工理论,大坝实测效应量主要受水位 H、温度 T 和时效 θ 等因素影响,按实测效应量的成因,将 $f(H, T, \theta, x, y, z)$ 进一步分为水压分量 $f_1(H, x, y, z)$、温度分量 $f_2(T, x, y, z)$ 和时效分量 $f_3(\theta, x, y, z)$ 三部分,则 $f(H, T, \theta, x, y, z)$ 的表达式为:

$$f(H, T, \theta, x, y, z) = f_1(H, x, y, z) + f_2(T, x, y, z) + f_3(\theta, x, y, z) \tag{4.2.3}$$

式(4.2.3)中三项分量的表达式分别为:

$$f_1(H, x, y, z) = \sum_{k=0}^{4} \sum_{l, m, n=0}^{3} A_{klmn} H^k x^l y^m z^n \tag{4.2.4}$$

$$f_2(T, x, y, z) = \sum_{j, k=1}^{d} \sum_{l, m, n=0}^{3} B_{jklmn} \overline{T}_j \beta_k x^l y^m z^n \tag{4.2.5}$$

或

$$f_2(T, x, y, z) = \sum_{j,k=0}^{1} \sum_{l,m,n=0}^{3} B_{jklmn} \sin\frac{2\pi jt}{365} \cos\frac{2\pi kt}{365} x^l y^m z^n \qquad (4.2.6)$$

$$f_3(\theta, x, y, z) = \sum_{j,k=0}^{1} \sum_{l,m,n=0}^{3} C_{jklmn}\theta_j \ln\theta_k x^l y^m z^n \qquad (4.2.7)$$

式(4.2.4)至式(4.2.7)中：H 为上游水头；d 为温度计的层数；$\overline{T}_j$ 为第 j 层等效平均变温；β_k 为第 k 层等效变温梯度；t 为测值初始日开始到当前日的累计天数；$\theta = \dfrac{t}{100}$；x, y, z 为空间位置坐标；A_{klmn}、B_{jklmn} 和 C_{jklmn} 为待求参数。

设在大坝 $s_i (i=1, 2, \cdots, N)$ 处布置实测效应量测点，$z(s_i)$ 为已知位于 s_i 处的同类实测效应量数据序列，N 为已知同类实测效应量序列的个数。利用最小二乘估计方法，可得式(4.2.4)至式(4.2.7)中待求参数 A_{klmn}、B_{jklmn} 和 C_{jklmn} 的估计结果。结合参数 A_{klmn}、B_{jklmn} 和 C_{jklmn} 结果，根据式(4.2.2)和式(4.2.3)，可确定任意位置 s_0 处实测效应量的基础分量 $m(s_0)$。

4.2.1.2 空间变异分量 $e(s_0)$ 的确定

基于 $z(s_i)$ 与 $m(s_0)$，可得到实测效应量空间变异分量 $e(s_i)(i=1, 2, \cdots, N)$，以此为基础，下面基于克里金法研究估计任意位置 s_0 处的实测效应量空间变异分量 $e(s_0)$ 的方法。

克里金法用于变量插值时，变量需满足平稳假定[193]，由于大坝不同位置实测效应量的基础分量量级不同，因此，其空间变异分量不满足平稳假定，无法直接利用克里金法估计 $e(s_0)$。为解决上述问题，本节构造满足平稳假定的变量 $\hat{\beta}(s_0)$，$\hat{\beta}(s_0) = \hat{e}(s_0)/m(s_0)$，通过克里金法估计任意位置 s_0 处的 $\hat{\beta}(s_0)$，由 $\hat{\beta}(s_0)$ 估计结果，确定任意位置 s_0 处的实测效应量空间变异分量的估计值 $\hat{e}(s_0)$，其表达式为：

$$\hat{e}(s_0) = \hat{\beta}(s_0) \cdot m(s_0) \qquad (4.2.8)$$

式中：$m(s_0)$ 含义同式(4.2.2)。由式(4.2.8)可知，确定 $\hat{e}(s_0)$ 的关键在于求出任意位置 s_0 处的 $\hat{\beta}(s_0)$。

图 4.2.1 给出了克里金法估计 $\hat{\beta}(s_0)$ 的示意图，根据克里金法的基本假设，$\hat{\beta}(s_0)$ 可通过周围已知的同类实测效应量空间变异量 $\beta(s_i)$ 的加权形式确定，其表达式为：

$$\hat{\beta}(s_0) = \sum_{i=1}^{N} \omega_i \beta(s_i) \qquad (4.2.9)$$

式中：$\beta(s_i) = e(s_i)/m(s_i)$；$\omega_i$ 为待求权重系数，其中，$\sum_{i=1}^{N} \omega_i = 1$。

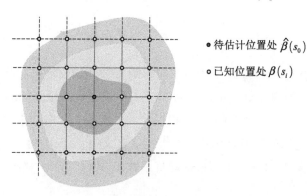

●待估计位置处 $\hat{\beta}(s_0)$

○已知位置处 $\beta(s_i)$

图 4.2.1 克里金法估计变量 $\hat{\beta}(s_0)$ 示意图

根据无偏最优估计条件，$\hat{\beta}(s_0)$ 应满足以下要求：

$$\begin{cases} \min \quad var\left[\hat{\beta}(s_0) - \beta(s_0)\right] \\ \text{s. t.} \quad \sum_{i=1}^{N} \omega_i = 1 \end{cases} \qquad (4.2.10)$$

为求解式（4.2.10）所示的有约束最优化问题，引入拉格朗日系数 λ，将有约束最优化问题转化为线性方程组的求解问题，得到求解权重系数 ω_i 的方程组如下：

$$\begin{cases} \sum_{i=1}^{N} \omega_i \gamma(s_i, s_j) + \lambda = \gamma(s_0, s_j) \quad j = 1, 2, \cdots, N \\ \sum_{i=1}^{N} \omega_i = 1 \end{cases} \qquad (4.2.11)$$

式中：$\gamma(s_i, s_j)$ 为 s_i、s_j 处变量 $\beta(s_0)$ 的半方差值；$\gamma(s_0, s_j)$ 为 s_0、s_j 处变量 $\beta(s_0)$ 的半方差值。令 s_i、$s_i + d$ 为空间中任意两位置，s_i、$s_i + d$ 位置处变量 $\beta(s_0)$ 的半方差 $\gamma(s_i, s_i + d)$ 表达式为：

$$\gamma(s_i, s_i + d) = \frac{1}{2} var[\beta(s_i) - \beta(s_i + d)]^2 \qquad (4.2.12)$$

式(4.2.11)中,由已知的 s_i、$s_j(i,j=1,2,\cdots,N)$ 处的变量 $\rho(s_i)$,利用式(4.2.12),可确定 $\gamma(s_i,s_j)$,但对于 $\gamma(s_0,s_j)$ 而言,s_0 处的变量 $\beta(s_0)$ 尚待估计,故无法由式(4.2.12)直接确定 $\gamma(s_0,s_j)$。 针对上述问题,本节根据已知的变量样本,计算空间变异函数的估计值 $\hat{\gamma}(d)$,$\hat{\gamma}(d)$ 的计算公式为:

$$\hat{\gamma}(d)=\frac{1}{2N(d)}\sum_{i=1}^{N(d)}\left[\beta(s_i)-\beta(s_i+d)\right]^2 \tag{4.2.13}$$

式中:$N(d)$ 为变量序列 $\beta(s_i)$ 中所在位置距离为 d 的位置点对的数量;$\beta(s_i)$,$\beta(s_i+d)$ 分别为样本中处于位置 s_i 和 s_i+d 的变量。对于不同的距离 d,由式(4.2.13)计算可得到相应的 $\hat{\gamma}(d)$。 根据 d 与对应 $\hat{\gamma}(d)$ 的结果,绘制空间变异函数曲线,得到空间变异函数 $\gamma(d)$,并由此确定式(4.2.12)中 $\gamma(s_0,s_j)$ 的结果。

为求解式(4.2.11)中 ω_i 与拉格朗日系数 λ,式(4.2.11)中方程组可转化为如下矩阵形式:

$$\boldsymbol{AM}=\boldsymbol{L} \tag{4.2.14}$$

式中:

$$\boldsymbol{M}=\begin{bmatrix}\omega_1\\\omega_2\\\vdots\\\omega_N\\\lambda\end{bmatrix},\quad \boldsymbol{A}=\begin{bmatrix}\gamma(d_{11}) & \gamma(d_{12}) & \cdots & \gamma(d_{1N}) & 1\\\gamma(d_{21}) & \gamma(d_{22}) & \cdots & \gamma(d_{2N}) & 1\\\vdots & \vdots & & \vdots & \vdots\\\gamma(d_{N1}) & \gamma(d_{N2}) & \cdots & \gamma(d_{NN}) & 1\\1 & 1 & \cdots & 1 & 0\end{bmatrix},\quad \boldsymbol{L}=\begin{bmatrix}\gamma(d_{01})\\\gamma(d_{02})\\\vdots\\\gamma(d_{0N})\\1\end{bmatrix}$$

$$\tag{4.2.15}$$

则式(4.2.15)所示的矩阵求解表达式如下:

$$\boldsymbol{M}=\boldsymbol{A}^{-1}\boldsymbol{L} \tag{4.2.16}$$

利用式(4.2.16)得到权重系数 ω_i,根据式(4.2.9)求得估计值 $\hat{\beta}(s_0)$,由式(4.2.8)确定空间变异分量估计值 $\hat{e}(s_0)$。 结合空间变异分量 $e(s_0)$ 与基础分量 $m(s_0)$,通过式(4.2.1)表征大坝任意位置 s_0 的同类实测效应量估计值 $z(s_0)$。

4.2.2 实测效应量场的有效性分析

下面基于交叉检验方法,对所构建的实测效应量场的有效性进行检验。交叉检验[194]最早由 Seymour Geisse 提出，通过循环随机抽取部分数据作为测试集，构建基于测试集数据的有效性评价指标，综合指标结果判断模型有效性。下面以十折交叉检验方法为例，研究所构建实测效应量场的有效性。图 4.2.2 给出了十折交叉检验方法原理示意图，该检验方法的具体实现步骤如下。

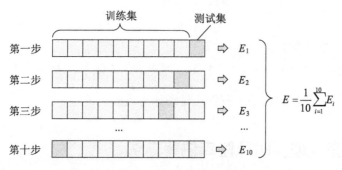

图 4.2.2　十折交叉检验方法原理示意图

步骤 1：将测点实测效应量数据序列 $z(s_i)$（$i=1,2,\cdots,N$）随机等分为 10 个子集，取其中第 1 个子集作为测试集，剩余子集作为训练集。

步骤 2：由训练集中实测效应量数据序列，根据 4.2.1 节方法构建实测效应量场，并基于所构建的实测效应量场求出测试集中实测效应量数据的估计值。

步骤 3：将测试集中实测效应量数据序列放回训练集，依次取出第 2~10 个子集作为测试集，重复步骤 2，直至得到所有测点实测效应量数据序列的估计值，记为 $z^*(s_i)$（$i=1,2,\cdots,N$），执行步骤 4。

步骤 4：采用平均绝对误差（Mean Absolute Error，MAE）与均方根误差（Root Mean Square Error，RMSE），作为本节所构建实测效应量场的有效性评价指标，MAE 与 $RMSE$ 指标的计算表达式分别为：

$$MAE = \frac{\sum_{i=1}^{N} |z(s_i) - z^*(s_i)|}{N} \tag{4.2.17}$$

$$RMSE = \sqrt{\frac{1}{N} \sum_{i=1}^{N} [z(s_i) - z^*(s_i)]^2} \tag{4.2.18}$$

式中：N 为实测效应量数据序列个数；$z(s_i)$ 为测点 s_i（$i=1,2,\cdots,N$）处的实测效应量数据值；$z^*(s_i)$ 为测点 s_i 处实测效应量数据估计值。

步骤 5：计算各测点 $s_i(i=1, 2, \cdots, N)$ 处的实测效应量数据的平均值 $\bar{Z}(s_i)$，其表达式为：

$$\bar{Z}(s_i) = \frac{\sum\limits_{i=1}^{N} z(s_i)}{N} \tag{4.2.19}$$

式中：$z(s_i)$ 与 N 的含义同式(4.2.18)。

当由式(4.2.17)至式(4.2.18)得到的 MAE 与 $RMSE$ 结果均小于 $0.1\bar{Z}(s_i)$ 时，说明所构建的实测效应量场是有效的。

4.3　单座大坝实时风险率估算方法

上一节研究了同类实测效应量场的构建方法，以此为基础，本节对基于同类实测效应量的实时风险率估算模型进行研究，提出单座大坝整体实时风险率估算模型。

4.3.1　基于同类实测效应量的实时风险率估算模型

同类实测效应量直接反映了与其对应的大坝某方面状态，因此通过大坝同类实测效应量的当前值与极限状态值的接近程度可表征大坝当前某方面风险状态与极限状态的接近程度，根据上述思路，本节研究基于同类实测效应量的实时风险率估算模型构建方法。

根据 4.2 节方法分别构建大坝在 t 时刻与极限状态时刻的同类实测效应量场，记为 $z_t(s_0)$ 与 $z_{\lim}(s_0)$，设 $s_j(j=1, 2, \cdots, M)$ 为实时风险率估算分析中所关注的位置，M 为所关注位置的个数，则本节构建 t 时刻所关注位置 s_j 处的实测效应量值与极限状态时刻的实测效应量值的接近程度指标 $\eta(t)$，其表达式如下：

$$\eta(t) = \frac{z_t(s_j)}{z_{\lim}(s_j)} \tag{4.3.1}$$

式中：$z_t(s_j)$、$z_{\lim}(s_j)$ 分别为 t 时刻与极限状态时刻下，所关注位置 s_j 处的实测效应量值，分别由 $z_t(s_0)$ 与 $z_{\lim}(s_0)$ 确定。

为刻画 t 时刻 s_j 处实测效应量值 $z_t(s_j)$ 所反映的大坝该特性风险状态,下面根据实时风险率估算模型的构建思路,综合式(4.3.1)中的接近程度指标 $\eta(t)$ 与对应的大坝某方面超出极限状态的风险率,构造基于 $z_t(s_j)$ 的实时风险率 $R_j(t)$,$R_j(t)$ 的表达式为:

$$R_j(t) = \eta(t) \times p_f = [z_t(s_j)/z_{\lim}(s_j)] \times p_f \qquad (4.3.2)$$

式中:p_f 为超出极限状态风险率。

由式(4.3.2)可知,确定 s_j 处的实时风险率 $R_j(t)$ 需明确超出极限状态风险率 p_f 与极限状态时刻 s_j 处的同类实测效应量值 $z_{\lim}(s_j)$,有关 p_f 与 $z_{\lim}(s_j)$ 的确定方法将在 4.3.1.1 至 4.3.1.2 节详细研究。

大坝具有结构整体性,在各关注位置 s_j 处的实时风险率 $R_j(t)$ 结果基础上,为进一步表征大坝整体结构的实时风险率,本节考虑不同关注位置 s_j 处实时风险率 $R_j(t)$ ($j=1, 2, \cdots, M$) 的重要性,构建基于同类实测效应量的实时风险率 $R^{(k)}(t)$ 的估算模型,$R^{(k)}(t)$ 的表达式如下:

$$R^{(k)}(t) = [\omega_1, \omega_2, \cdots, \omega_M][R_1^{(k)}(t), R_2^{(k)}(t), \cdots, R_M^{(k)}(t)]^{\mathrm{T}} \qquad (4.3.3)$$

式中:$R^{(k)}(t)$ 为 t 时刻下基于第 k 类实测效应量的实时风险率;M 为第 k 类实测效应量场中关注位置的个数;$[\omega_1, \omega_2, \cdots, \omega_M]$ 为权重向量,$[\omega_1, \omega_2, \cdots, \omega_M]$ 的确定方法将在 4.3.2 节中进一步研究。

4.3.1.1　超出极限状态风险率 p_f 确定方法

由第三章中有关大坝超出极限状态风险率分析方法的研究可知,在大坝超出极限状态风险率求解过程中,建立结构状态功能函数是基础。为求解式(4.3.2)中某实测效应量所反映的大坝超出极限状态风险率 p_f,需先确定实测效应量所反映的结构状态类型,再由对应的结构状态功能函数计算 p_f。表 4.3.1 给出了常见大坝实测效应量及其反映的结构状态类型作为参考,由表 4.3.1 可以看出,不同实测效应量侧重反映大坝不同方面的结构状态,例如渗压实测效应量直观反映大坝关于渗透破坏的状态,而变形实测效应量更侧重反映大坝稳定状态等。

根据表 4.3.1 确定某同类实测效应量主要反映的结构状态类型,利用 3.2 节和 3.3 节基于结构状态功能函数的大坝超出极限状态风险率估算方法,可得到式(4.3.2)中极限状态时刻某同类实测效应量所反映的 p_f。

表 4.3.1　实时风险率估算中实测数据类型的选取参考

实测效应量类型	所反映的结构状态类型	实测效应量类型	所反映的结构状态类型
变形	稳定破坏	渗压	渗透破坏
应力	强度破坏	上游水位	漫顶破坏
渗漏量			

但对于表 4.3.1 中的渗漏实测效应量,相关规范中暂未对其极限状态值进行规定,则式(4.3.2)中的 p_f 无法根据 3.2 节和 3.3 节中的估算方法确定。对该类实测效应量,本节利用相关规范中规定的各级水工建筑物承载能力极限状态下的最低目标可靠度指标估计 p_f。表 4.3.2 为《水利水电工程结构可靠性设计统一标准》(GB 50199—2013)中给出的水工建筑物承载能力极限状态的目标可靠度指标 β。

表 4.3.2　各级水工建筑物不同破坏类型下最低目标可靠度指标

结构安全等级		I 级	II 级	III 级
级别		1 级	2、3 级	4、5 级
破坏类型	第一类破坏	3.7	3.2	2.7
	第二类破坏	4.2	3.7	3.2

假定大坝抗力与作用效应均服从正态分布,则可靠度指标 β 与 p_f 间有对应关系如下:

$$p_f = \Phi(-\beta) \tag{4.3.4}$$

式中:β 为可靠度指标,根据表 4.3.2 确定;Φ 为标准正态分布函数。根据表 4.3.2 确定 β,利用式(4.3.4),可估计渗漏实测效应量所反映的大坝超出极限状态风险率 p_f。

4.3.1.2　极限状态下实测效应量值 $z_{\lim}(s_j)$ 确定方法

下面基于 s_j 位置处实测效应量序列,研究该处极限状态下实测效应量值的确定方法。令 s_j 位置处实测效应量随机变量为 X,随机变量 X 的概率密度函数为 $f(x)$。根据统计学理论,实测效应量随机变量 X 大于极限状态时刻实测效应量 $z_{\lim}(s_j)$ 的概率 P_α 为:

$$P[X > z_{\lim}(s_j)] = P_\alpha = \int_{z_{\lim}(s_j)}^{+\infty} f(x)\mathrm{d}x = \alpha \tag{4.3.5}$$

式中：α 为由 4.3.1.1 节中 p_f 确定的结果。

求解 s_j 位置处的极限状态时刻实测效应量值 $z_{\lim}(s_j)$ 的关键是确定式 (4.3.5) 中的概率密度函数 $f(x)$。常用的确定方法是假定实测效应量随机变量 X 服从某一理论分布函数，再由统计检验方法来判断是否接受假定。而实际中，实测效应量概率密度函数不一定符合常见的某一理论分布函数形式，为解决上述问题，下面基于最大熵原理，研究实测效应量随机变量的概率密度函数 $f(x)$ 的确定方法。

根据信息熵概念，实测效应量随机变量的熵定义为 $H(x)$，$H(x)$ 的表达式为：

$$H(x) = -\int_R f(x) \ln f(x) \mathrm{d}x \qquad (4.3.6)$$

式中：$f(x)$ 为实测效应量随机变量的概率密度函数。

设由在 i 时刻下的实测效应量值 x_i 组成的实测效应量样本序列为 $\{x_i\}$ $(i=1, 2, \cdots, T)$，T 为样本数目。根据最大熵原理，与实测效应量值样本序列 $\{x_i\}$ $(i=1, 2, \cdots, T)$ 最小偏差的概率密度函数，是使在约束条件下，根据实测效应量样本序列求得的熵 $H(x)$ 达到最大值的概率密度函数，即：

$$\max H(x) = -\int_R f(x) \ln f(x) \mathrm{d}x \qquad (4.3.7)$$

式中：R 为积分空间。

由统计学基本原理可知，式 (4.3.7) 中实测效应量概率密度函数 $f(x)$ 应满足的约束条件如下：

$$\begin{cases} \int_R f(x) \mathrm{d}x = 1 \\ \int_R x^i f(x) \mathrm{d}x = \mu_i \quad i=1, 2, \cdots, n \end{cases} \qquad (4.3.8)$$

式中：μ_i 为实测效应量的第 i 阶原点矩；n 为所用原点矩阶数。

为求解式 (4.3.7) 至式 (4.3.8) 所示的有约束最优化求解问题，在此引入拉格朗日乘子 λ_i，构造拉格朗日函数 L 将上述有约束最优化问题转化为无约束最优化问题，所构建的拉格朗日函数的表达式如下：

$$L = H(x) + (\lambda_0 + 1)\left[\int_R f(x)\mathrm{d}x - 1\right] + \sum_{i=1}^{n} \lambda_i \left[\int_R x^i f(x) \mathrm{d}x - \mu_i\right] \qquad (4.3.9)$$

令 $\partial L / \partial f(x) = 0$，得到：

$$-\int_R [\ln f(x) + 1] dx + (\lambda_0 + 1) \int_R dx + \sum_{i=1}^{n} \lambda_i \int_R x^i dx = 0 \quad (4.3.10)$$

求得实测效应量概率密度函数 $f(x)$ 的表达式为：

$$f(x) = \exp\left(\lambda_0 + \sum_{i=1}^{n} \lambda_i x^i\right) \quad (4.3.11)$$

将式(4.3.11)代入式(4.3.8)中，得到求解拉格朗日乘子 λ_i 的 $n+1$ 个非线性方程如下：

$$G_0(\lambda) = \int_R \exp\left(\lambda_0 + \sum_{i=1}^{n} \lambda_i x^i\right) dx = 1 \quad (4.3.12)$$

$$G_i(\lambda) = \int_R x^i \exp\left(\lambda_0 + \sum_{i=1}^{n} \lambda_i x^i\right) dx = \mu_i \quad i = 1, 2, \cdots, n \quad (4.3.13)$$

式(4.3.12)和式(4.3.13)所示的非线性方程中的积分难以通过解析法计算，需借助数值积分方法求解。对上式数值积分的思想是将无穷域 $[-\infty, +\infty]$ 上的积分近似为有限域 $[a, b]$ 上的积分，则式(4.3.12)和式(4.3.13)近似后的数值积分表达式如下：

$$G_0(\lambda) = \int_a^b \exp\left(\lambda_0 + \sum_{i=1}^{n} \lambda_i x^i\right) dx = 1 \quad (4.3.14)$$

$$G_i(\lambda) = \int_a^b x^i \exp\left(\lambda_0 + \sum_{i=1}^{n} \lambda_i x^i\right) dx = \mu_i \quad i = 1, 2, \cdots, n \quad (4.3.15)$$

根据图 4.3.1 所示的不同实测效应量随机变量分布形状，确定有限域 $[a, b]$ 的表达式如下：

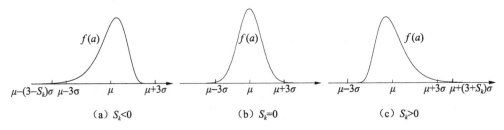

图 4.3.1 实测效应量随机变量的有限积分域示意图

$$[a, b] = \begin{cases} [\mu - (3 - S_k)\sigma, \mu + 3\sigma] & S_k < 0 \\ [\mu - 3\sigma, \mu + 3\sigma] & S_k = 0 \\ [\mu - 3\sigma, \mu + (3 + S_k)\sigma] & S_k > 0 \end{cases} \quad (4.3.16)$$

式中：μ、σ 与 S_k 分别为实测效应量样本的均值、方差与偏度。

在已确定的有限域基础上，综合运用数值积分方法和线性方程组数值解法，求得式(4.3.14)和式(4.3.15)中未知的拉格朗日乘子 $\lambda_i (i = 0, 1, \cdots, n)$，将所求的 λ_i 代入式(4.3.11)得到实测效应量概率密度函数 $f(x)$，在此基础上，利用式(4.3.5)估算出极限状态时刻实测效应量 $z_{\lim}(s_j)$。

4.3.2　大坝整体风险实时风险率估算模型

大坝整体风险由变形、渗流和应力等实测效应量综合表征，以 4.3.1.1 节得到的各基于同类实测效应量的实时风险率为基础，本节重点研究大坝整体风险实时风险率估算方法。

将通过 4.3.1.1 节方法得到的大坝基于同类实测效应量的实时风险率记为 $R^{(k)}(t)(k = 1, 2, \cdots, K)$，$K$ 为大坝内实测效应量种类数目，综合考虑 $R^{(k)}(t)$ 重要性，本节构建大坝整体风险实时风险率 $R(t)$ 估算模型，$R(t)$ 的表达式如下：

$$R(t) = [\omega_1, \omega_2, \cdots, \omega_K][R^{(1)}(t), R^{(2)}(t), \cdots, R^{(K)}(t)]^{\mathrm{T}} \quad (4.3.17)$$

式中：$[\omega_1, \omega_2, \cdots, \omega_K]$ 为基于同类实测效应量的实时风险率权重向量；$[R^{(1)}(t), R^{(2)}(t), \cdots, R^{(K)}(t)]$ 为基于同类实测效应量的实时风险率向量。

确定大坝整体风险实时风险率的关键是确定式(4.3.17)中基于同类实测效应量的实时风险率权重向量。在实际应用中，基于同类实测效应量的实时风险率 $[R^{(1)}(t), R^{(2)}(t), \cdots, R^{(K)}(t)]$ 是一个高维动态数据，常用的赋权方法得到的权重结果会随着数据变化而产生较大变化，稳定性差。针对上述问题，本节利用投影寻踪赋权法[195, 196]确定基于同类实测效应量的实时风险率权重向量 $[\omega_i](i = 1, 2, \cdots, K)$。

投影寻踪赋权方法的基本原理是将高维、非线性数据通过处理投影至一维空间，通过构造投影指标函数确定投影方向，根据投影结果确定权重，基于投影寻踪赋权方法确定 $[\omega_i](i = 1, 2, \cdots, K)$ 的具体实现步骤如下：

步骤 1：构造归一化的基于同类实测效应量的实时风险率矩阵 $\boldsymbol{R}^*$。由大坝各基于同类实测效应量的实时风险率序列 $R^{(k)}(t)$ $(k=1, 2, \cdots, K; t=1, 2, \cdots, T)$ 构造实时风险率矩阵 $\boldsymbol{R}=[R_{ij}]_{K \times T}$，$K$ 为实测效应量种类数目，T 为各实测效应量序列的长度，$\boldsymbol{R}=[R_{ij}]_{K \times T}$ 的具体表达式为：

$$\boldsymbol{R} = \begin{bmatrix} R_{11} & R_{12} & \cdots & R_{1T} \\ R_{21} & R_{22} & \cdots & R_{2T} \\ \vdots & \vdots & \ddots & \vdots \\ R_{K1} & R_{K1} & \cdots & R_{KT} \end{bmatrix} \tag{4.3.18}$$

对 $\boldsymbol{R}$ 中各元素进行归一化处理：

$$R_{ij}^* = \frac{R_{ij} - \min[\boldsymbol{R}(:, j)]}{\max[\boldsymbol{R}(:, j)] - \min[\boldsymbol{R}(:, j)]} \tag{4.3.19}$$

式中：$\max[\boldsymbol{R}(:, j)]$、$\min[\boldsymbol{R}(:, j)]$ 分别为第 j 时刻下基于同类实测效应量的实时风险率序列中的最大值和最小值；R_{ij}^* 为归一化后的在第 j 时刻下基于第 i 类实测效应量的实时风险率结果。由 R_{ij}^* 构造归一化的基于同类实测效应量的实时风险率矩阵 $\boldsymbol{R}^*$，$\boldsymbol{R}^* = [R_{ij}^*]_{K \times T}$。

步骤 2：构造投影指标函数 $Q(\boldsymbol{a})$。将归一化后的基于同类实测效应量的实时风险率矩阵 $\boldsymbol{R}^* = [R_{ij}^*]_{K \times T}$，在单位长度向量投影方向 $\boldsymbol{a} = [a_1, a_2, \cdots, a_T]$ 上生成一维向量 $\boldsymbol{\xi} = [\xi_i]_{1 \times K}$，$\xi_i$ 的表达式如下：

$$\xi_i = \sum_{j=1}^{T} a_j R_{ij}^* \quad i=1, 2, \cdots, K \tag{4.3.20}$$

为综合反映投影结果向量 $\boldsymbol{\xi}$ 的分布特征与局部凝聚程度，本节构造投影指标函数 $Q(\boldsymbol{a})$，投影指标函数 $Q(\boldsymbol{a})$ 的表达式为：

$$Q(\boldsymbol{a}) = S_\xi \cdot D_\xi \tag{4.3.21}$$

其中，S_ξ 为投影结果向量的标准差，用来表征 $\boldsymbol{\xi}$ 的分布特征，其表达式为：

$$S_\xi = \sqrt{\frac{\sum_{i=1}^{K} [\xi_i - E(\boldsymbol{\xi})]^2}{K-1}} \tag{4.3.22}$$

式中：$E(\boldsymbol{\xi})$ 为实时风险率投影结果 $\xi_i (i=1, 2, \cdots, K)$ 的均值。

D_ξ 为反映投影结果向量 $\boldsymbol{\xi}$ 局部凝聚程度的指标,其表达式为:

$$D_\xi = \sum_{m=1}^{K} \sum_{n=1}^{K} [W - r(m, n)] \cdot u[W - r(m, n)] \qquad (4.3.23)$$

$$u[W - r(i, j)] = \begin{cases} 1 & W - r(i, j) \geqslant 0 \\ 0 & W - r(i, j) < 0 \end{cases} \qquad (4.3.24)$$

式中: W 为投影结果 $\boldsymbol{\xi}$ 的局部密度窗口半径,本节 W 取为 $0.1 S_\xi$; $r(m, n)$ 为 $\boldsymbol{\xi}$ 中第 m, n 个元素 ξ_m 与 ξ_n 之间的距离, $r(m, n) = | \xi_m - \xi_n |$; u 为单位阶跃函数,由式(4.3.24)确定。

步骤 3: 确定最佳投影方向。当归一化后的基于同类实测效应量的实时风险率矩阵 $\boldsymbol{R}^* = [R_{ij}^*]_{K \times T}$ 确定后,投影指标函数 $Q(\boldsymbol{a})$ 仅受投影方向的影响,本节通过最大化投影指标函数 $Q(\boldsymbol{a})$ 来确定最佳投影方向 $\boldsymbol{a}$,具体表达式为:

$$\begin{cases} \max \quad Q(\boldsymbol{a}) = S_\xi \cdot D_\xi \\ \text{s. t.} \ \sum_{j=1}^{T} a_j^2 = 1 \end{cases} \qquad (4.3.25)$$

为求解式(4.3.25)所示的非线性约束最优化问题,本节采用 4.3.1.2 节中基于拉格朗日乘子的最优化问题求解方法,得到最佳投影方向 $\boldsymbol{a}$,具体过程不再展开。

步骤 4: 计算权重向量 $[\omega_i]$。 将由式(4.3.25)确定的最佳投影方向 $\boldsymbol{a}$ 代入式(4.3.20),得到投影结果 $\boldsymbol{\xi}$,由 $\xi_i (i = 1, 2, \cdots, K)$ 确定各基于实测效应量的实时风险率权重 ω_i, ω_i 的计算表达式如下:

$$\omega_i = \frac{\xi_i}{\sum_{j=1}^{K} \xi_j} \quad (i = 1, 2, \cdots, K) \qquad (4.3.26)$$

由式(4.3.26)中的权重向量结果 $[\omega_i]$,结合式(4.3.17),得到大坝整体风险实时风险率结果 $R(t)$。 类似地,根据上述权重确定流程,可确定式(4.3.3)中各关注位置 $s_j (j = 1, 2, \cdots, M)$ 处的基于同类实测效应量的实时风险率权重向量 $[\omega_1, \omega_2, \cdots, \omega_M]$ 结果。

图 4.3.2 给出了大坝整体风险实时风险率估算的流程图。

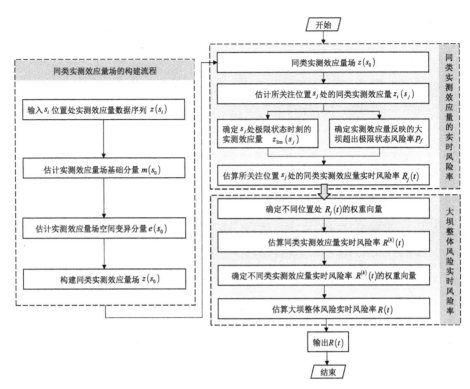

图 4.3.2 大坝整体风险实时风险率估算流程图

4.4 梯级坝群实时风险率估算方法

4.3 节研究坝群内各单座大坝的实时风险率估算方法,下面基于单座大坝实时风险率估算方法研究成果,利用 k/N 系统可靠性分析思想,进一步探究梯级坝群实时风险率估算模型构建及求解方法。

4.4.1 梯级坝群实时风险率估算模型的构建方法

4.4.1.1 梯级坝群系统结构状态函数的构建

梯级坝群由各单座大坝组成,为描述梯级坝群的整体状态,需综合考虑坝群内各单座大坝的状态。设梯级坝群中有 N 座大坝,其中第 i 座大坝的结构状态变量为 $x_i(i=1, 2, \cdots, N)$,当 $x_i=0$,表示大坝结构状态超出失效临界状态;当 $x_i=1$,表示大坝结构状态未超出失效临界状态。综合坝群内各单座大坝的状态,构造梯级坝群的结构状态向量 $\boldsymbol{x}_s$,$\boldsymbol{x}_s=(x_1,x_2,\cdots,x_N)$。 根据 k/N 系统分析理论[197, 198],对由 N 座大坝组成的梯级坝群系统而言,当系统中有 k 座或 k 座以上的大坝结构状态未超出失效临界状态,则整个系统结构状态未超出失效临界状态。本节构造系统结构状态函数 $\varphi(\boldsymbol{x}_s)$ 刻画梯级坝群系统结构状态,$\varphi(\boldsymbol{x}_s)$ 的表达式为:

$$\varphi(\boldsymbol{x}_s)=\sum_{i=1}^{N}x_i\begin{cases}<k & \text{坝群系统超出失效临界状态}\\ \geq k & \text{坝群系统未超出失效临界状态}\end{cases} \tag{4.4.1}$$

式中:x_i 为梯级坝群中第 i 座大坝的状态变量;N 为梯级坝群中单座大坝的数目;k 为判断梯级坝群系统结构是否超出失效临界状态的指标,一般取为 N 的 2/3 或 3/4。

4.4.1.2 基于坝群结构状态函数的实时风险率估算模型构建

由式(4.4.1)对系统结构状态的刻画,根据直接积分法,梯级坝群系统超出失效临界状态的概率,即风险率 $p_{fs(k/N)}$ 的估算表达式为:

$$p_{fs(k/N)}=\int f(\boldsymbol{x}_s)I[\varphi(\boldsymbol{x}_s)<k]\mathrm{d}\boldsymbol{x}_s$$
$$=\int f(x_1,x_2,\cdots,x_N)I(\sum_{i=1}^{N}x_i<k)\mathrm{d}x_1\mathrm{d}x_2\cdots\mathrm{d}x_N \tag{4.4.2}$$

式中:I 为指示函数,当 $\varphi(\boldsymbol{x}_s)<k$ 时,$I[\varphi(\boldsymbol{x}_s)<k]=1$,否则 $I[\varphi(\boldsymbol{x}_s)<k]=0$;$x_i(i=1,2,\cdots,N)$ 与 k 的含义同式(4.4.1);$f(x_1,x_2,\cdots,x_N)$ 为梯级坝群中各大坝结构状态随机向量 $(x_1,x_2,\cdots,x_N)$ 的联合概率密度函数。

在式(4.4.2)基础上,进一步考虑 t 时刻下梯级坝群中各大坝结构状态随机向量的联合概率分布 $f[x_1(t),x_2(t),\cdots,x_N(t)]$,构建梯级坝群实时风险率 $p_{fs(k/N)}(t)$ 的估算表达式为:

$$p_{fs(k/N)}(t)=\int f[x_1(t),x_2(t),\cdots,x_N(t)]I(\sum_{i=1}^{N}x_i(t)<k)\mathrm{d}x_1\mathrm{d}x_2\cdots\mathrm{d}x_N \tag{4.4.3}$$

式中:$x_i(t)$ 为 t 时刻下梯级坝群中第 i 座大坝结构状态变量。不同单座大坝的状态变量 $x_1(t),x_2(t),\cdots,x_N(t)$ 可近似为相互独立关系,式(4.4.3)可进一步表示为：

$$p_{fs(k/N)}(t) = \int f[x_1(t)] \cdot f[x_2(t)] \cdots f[x_i(t)] \cdots \cdot$$

$$f[x_N(t)] I\left(\sum_{i=1}^{N} x_i(t) < k\right) \mathrm{d}x_1 \mathrm{d}x_2 \cdots \mathrm{d}x_N \qquad (4.4.4)$$

式中：$f[x_i(t)]$ 为梯级坝群中第 i 座大坝的结构状态变量的概率密度函数。

对于 $x_i(t)$ 而言，其可能的取值为 0 与 1，分别代表 t 时刻下梯级坝群中第 i 座大坝超出、未超出失效临界状态，两种结构状态对应的概率函数 $p[x_i(t)]$ 的表达式如下：

$$p[x_i(t)] = \begin{cases} R_i(t) & x_i(t) = 0 \\ 1 - R_i(t) & x_i(t) = 1 \end{cases} \qquad (4.4.5)$$

式中：$R_i(t)$ 为 t 时刻下梯级坝群中第 i 座大坝超出失效临界状态的概率，由 4.3 节中大坝整体风险实时风险率估算方法确定。

为描述随机变量 $x_i(t)$ 的概率密度分布，基于式(4.4.5)所示的第 i 座大坝结构状态概率函数，本节采用 0 - 1 分布形式，则 $x_i(t)$ 的概率分布函数 $F[x_i(t)]$ 的表达式为：

$$F[x_i(t)] = [R_i(t)]^{1-x_i} [1 - R_i(t)]^{x_i} \qquad (4.4.6)$$

利用式(4.4.6)中 $x_i(t)$ 服从的概率分布函数，式(4.4.3)所示的梯级坝群实时风险率 $p_{fs(k/N)}(t)$ 的积分估算形式，将简化为由单座大坝实时风险率 $R_i(t)(i = 1, 2, \cdots, N)$ 组合而成的估算表达式。

下面利用数学归纳法的思想，进一步研究在简单形式的梯级坝群实时风险率估算模型的基础上，得到一般形式下梯级坝群实时风险率估算模型的方法。

结合式(4.4.4)与式(4.4.6)，对于 k/N 取为 2/3 与 2/4 时的梯级坝群系统而言，它们的实时风险率 $p_{fs(2/3)}$ 与 $p_{fs(2/4)}$ 的估算模型表达式分别为：

$$p_{fs(2/3)}(t) = 1 - (\xi_{1,t}\xi_{2,t} + \xi_{1,t}\xi_{3,t} + \xi_{2,t}\xi_{3,t} - 2\xi_{1,t}\xi_{2,t}\xi_{3,t}) \qquad (4.4.7)$$

$$p_{fs(2/4)}(t) = 1 - (\xi_{1,t}\xi_{2,t} + \xi_{1,t}\xi_{3,t} + \xi_{1,t}\xi_{4,t} + \xi_{2,t}\xi_{3,t} +$$

$$\xi_{2,t}\xi_{4,t} + \xi_{3,t}\xi_{4,t} - 2\xi_{1,t}\xi_{2,t}\xi_{3,t} - 2\xi_{1,t}\xi_{2,t}\xi_{4,t} -$$

$$2\xi_{1,t}\xi_{3,t}\xi_{4,t} + 3\xi_{1,t}\xi_{2,t}\xi_{3,t}\xi_{4,t}) \qquad (4.4.8)$$

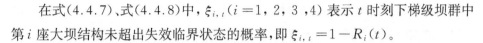

在式(4.4.7)、式(4.4.8)中，$\xi_{i,t}(i=1,2,3,4)$ 表示 t 时刻下梯级坝群中第 i 座大坝结构未超出失效临界状态的概率，即 $\xi_{i,t}=1-R_i(t)$。

由式(4.4.7)和式(4.4.8)，可归纳出 k/N 取为 $2/N$ 时的梯级坝群实时风险率 $p_{fs(2/N)}(t)$ 的估算表达式如下：

$$p_{fs(2/N)}(t)=1-\sum_{i=1}^{N-1}\left((-1)^{i+1}\times\sum_{j=1}^{i}1\times\sum_{1\leqslant d_1<d_2<\cdots<d_{i+1}\leqslant N}\xi_{d_1,t}\xi_{d_2,t}\cdots\xi_{d_{i+1},t}\right)$$

$$(4.4.9)$$

式中：N 的含义同式(4.4.1)；d_1，d_2，$\cdots$，d_{i+1} 为大坝的标号，d_i 取为满足 $1\leqslant d_1<d_2<\cdots<d_{i+2}\leqslant N$ 的所有正整数。

通过类似的过程，可根据 k/N 取为 $3/4$ 与 $3/5$ 时的梯级坝群实时风险率估算模型表达式，归纳出 k/N 为 $3/N$ 的梯级坝群实时风险率 $p_{fs(3/N)}(t)$ 的估算表达式，即：

$$p_{fs(3/N)}(t)=1-\sum_{i=1}^{N-2}\left((-1)^{i+1}\times\sum_{l=1}^{i}\sum_{j=1}^{l}1\times\sum_{1\leqslant d_1<d_2<\cdots<d_{i+2}\leqslant N}\xi_{d_1,t}\xi_{d_2,t}\cdots\xi_{d_{i+2},t}\right)$$

$$(4.4.10)$$

式中：N 与 $d_{1,t}$，$d_{2,t}$，$\cdots$，$d_{i+2,t}$ 的含义同式(4.4.9)。

综合式(4.4.9)与式(4.4.10)，得到一般形式的梯级坝群实时风险率 $p_{fs(k/N)}(t)$ 估算表达式为：

$$p_{fs(k/N)}(t)=1-\sum_{i=1}^{N-(k-1)}\left[(-1)^{i+1}\times\left(\sum_{j=1}^{i}{}^{(k-1)}1\right)\times\sum_{1\leqslant d_1<d_2<\cdots<d_{i+(k-1)}\leqslant N}\xi_{d_1,t}\xi_{d_2,t}\cdots\xi_{d_{i+(k-1),t}}\right]$$

$$(4.4.11)$$

式中：k 的含义同式(4.4.1)；N 与 $d_{1,t}$，$d_{2,t}$，$\cdots$，$d_{i+(k-1),t}$ 的含义同式(4.4.9)；$\sum_{j=1}^{i}{}^{(k-1)}1$ 为 $(k-1)$ 次迭代求和的标记，具体来说，$\sum_{j=1}^{i}{}^{(k-1)}1=\sum_{l_{k-2}=1}^{i}\cdots\sum_{l_1=1}^{l_2}\sum_{j=1}^{l_1}1$。

4.4.2 梯级坝群实时风险率估算模型求解方法

由 4.4.1 节构建的梯级坝群实时风险率估算模型可知，随坝群内单座大坝数目 N 的增加，直接求解系统实时风险率 $p_{fs(k/N)}(t)$ 计算工作量大，效率低。

为提升梯级坝群实时风险率估算模型的求解效率,本节利用递归计算思想,研究梯级坝群实时风险率的递归-通用生成函数估算方法及其实现过程。

4.4.2.1　梯级坝群实时风险率的递归估算方法

根据概率理论,式(4.4.11)所示的梯级坝群实时风险率 $p_{fs(k/N)}(t)$ 表示 N 座大坝组成的梯级坝群系统中不超过 k 座大坝未超出失效临界状态的事件概率。根据全概率公式,上述 $p_{fs(k/N)}(t)$ 所代表的事件可以分解为两个完备的子事件:①由 $(N-1)$ 座大坝组成的梯级坝群系统中不超过 $(k-1)$ 座大坝未超出失效临界状态,且第 N 座大坝超出失效临界状态;②由 $(N-1)$ 座大坝组成的梯级坝群系统中不超过 k 座大坝未超出失效临界状态,且第 N 座大坝未超出失效临界状态。图4.4.1给出了基于全概率公式思想的梯级坝群实时风险率估算表达式的转化过程示意图。

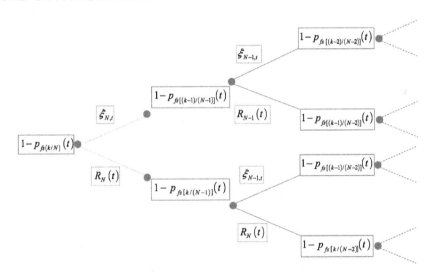

图4.4.1　梯级坝群实时风险率估算表达式的转化过程示意图

基于全概率公式思想,梯级坝群实时风险率 $p_{fs(k/N)}(t)$ 可进一步表示为:

$$p_{fs(k/N)}(t) = 1 - \{\xi_{N,t}[1 - p_{fs[(k-1)/(N-1)]}(t)] + R_N(t)[1 - p_{fs[k/(N-1)]}(t)]\}$$

$$(4.4.12)$$

式中:$R_N(t)$ 为 t 时刻下梯级坝群中第 N 座大坝结构超出失效临界状态的概率;$\xi_{N,t} = 1 - R_N(t)$,为 t 时刻下梯级坝群中第 N 座大坝结构未超出失效临界状态的概率；$p_{fs[(k-1)/(N-1)]}(t)$、$p_{fs[k/(N-1)]}(t)$ 分别为 t 时刻下由 $(N-1)$ 座大坝组成的梯级坝群中不超过 $(k-1)$ 或 k 座大坝结构未超出失效临界状态的概率。

通过类似式(4.4.12)的计算过程，梯级坝群系统实时风险率的估算问题，不断转化为计算规模更小的系统实时风险率求解问题。为提升梯级坝群实时风险率估算模型的求解效率，本节基于式(4.4.12)的转化思想，构建梯级坝群实时风险率的递归估算方法。

梯级坝群实时风险率的递归计算，其包括梯级坝群实时风险率递归函数、递归计算更新函数与递归终止条件判断等内容，图4.4.2给出了递归计算过程中各组成部分的关系示意图。

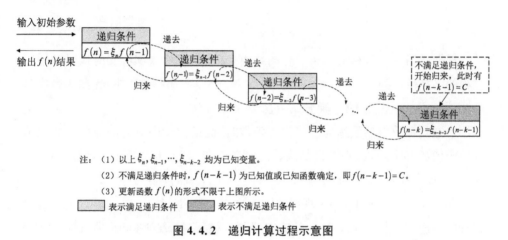

注：（1）以上 $\xi_n,\xi_{n-1},\cdots,\xi_{n-k-2}$ 均为已知变量。
（2）不满足递归条件时，$f(n-k-1)$ 为已知值或已知函数确定，即 $f(n-k-1)=C$。
（3）更新函数 $f(n)$ 的形式不限于上图所示。
▢ 表示满足递归条件　▨ 表示不满足递归条件

图 4.4.2　递归计算过程示意图

下面研究梯级坝群实时风险率递归计算过程中上述三方面内容的确定方法。

（1）梯级坝群实时风险率递归函数

递归函数是递归计算过程中的关键函数，代表递归计算中的求解目标，在梯级坝群实时风险率的递归计算方法中，令 $\pi(k_j, N_j)$ 为第 j 个递归步中的递归函数，则 $\pi(k_j, N_j)=p_{fs(k_j/N_j)}(t)$，$N_j$，$k_j$ 分别表示在第 j 个递归步中实时风险率估算时的参数取值。

（2）梯级坝群实时风险率递归计算更新函数

更新函数决定在不同递归步间递归函数的关系，式(4.4.12)给出了本次梯级坝群实时风险率递归计算方法中的更新函数。通过式(4.4.12)所示的更新函数，递归函数 $\pi(k, N)$ 的计算转化为计算其他两个递归函数 $\pi(k-1, N-1)$

与 $\pi(k, N-1)$ 来实现。

(3) 梯级坝群实时风险率递归终止条件

经过多次递归步的运算,递归函数及其中参数逐次更新,为避免递归过程无限制循环,需设置递归终止条件。递归计算过程的终止条件通常根据递归函数中的参数在实际问题中取值的约束确定,本次梯级坝群实时风险率递归计算中,在第 j 个递归步,递归函数内的参数为 N_j,k_j,分别代表梯级坝群中单座大坝的总数目与其中未超出失效临界状态的单座大坝数目。显然,对于 N_j,k_j,有约束条件如下:

$$N_j,\ k_j > 0 \tag{4.4.13}$$

$$k_j \leqslant N_j \tag{4.4.14}$$

根据式(4.4.13)和式(4.4.14)的约束条件,设置梯级坝群实时风险率递归过程的终止条件为:① $N_j \leqslant 0$,② $k_j > N_j > 0$。递归过程中,递归函数中参数达到任意一条终止条件,递归结束。

当递归函数中参数达到递归终止条件时,此递归步中对应的递归函数取值为特定值或特定函数,基于递归函数的含义可知,对于本次的递归计算过程,当 $N_j \leqslant 0$ 时,$\pi(0,\ N_j)$ 为 0;当 $k_j > N_j > 0$ 时,$\pi(k_j,\ N_j)$ 为 1。

在上述研究基础上,梯级坝群实时风险率的递归计算中,还需解决递归计算过程中的递归函数 $\pi(k_j,\ N_j)$ 的确定问题,下面着重研究递归函数 $\pi(k_j,\ N_j)$ 的确定方法。

4.4.2.2 递归函数 $\pi(k_j,\ N_j)$ 的通用生成函数计算方法

在梯级坝群系统递归估算过程中,涉及若干递归函数 $\pi(k_j,\ N_j)$ 的确定,本节在4.4.2.1节的基础上,研究基于通用生成函数的递归函数 $\pi(k_j,\ N_j)$ 计算方法。通用生成函数法(Universal Generating Function,UGF)[199]是一种常用于离散型随机变量概率分析的方法,该方法通过构造关于随机变量的多项式,将离散型随机变量的组合运算转化为实值函数的运算,使离散型随机变量概率分析过程更直观与高效。

递归函数 $\pi(k_j,\ N_j)$ 的含义为:N_j 座大坝中有大于等于 k_j 座大坝结构状态随机变量取值为未超出失效临界状态的概率。为计算递归函数 $\pi(k_j,\ N_j)$,需考虑该函数中 N_j 个离散型随机变量 X_1,X_2,$\cdots$,X_{N_j} 的取值组合及其相应

的概率。基于通用生成函数方法,通过对坝群内第 i 座大坝结构状态随机变量 $X_i(i=1, 2, \cdots, N_j)$ 进行 z 变换,将流域内各单座大坝结构状态随机变量的概率分布表示为多项式 $u_i(z)$,相应的表达式为:

$$u_i(z) = \sum_{q=1}^{m_i} p_{i, q} z^{x_{i, q}} \tag{4.4.15}$$

式中: z 为形式参数,无实际含义; m_i 为第 i 座大坝结构状态随机变量 X_i 取不同值的数量,本书 m_i 取为 2; $x_{i, q}$ 为梯级坝群内第 i 座大坝结构状态随机变量第 q 个可能值; $p_{i, q}$ 为对应 $x_{i, q}$ 的概率。由 4.4.1 节中对单座大坝结构状态的描述,可得 $x_{i, 1} = 0, x_{i, 2} = 1$,相应地, $p_{i, 1} = R_i(t)$, $p_{i, 2} = 1 - R_i(t) = \xi_{i, t}$。

在式(4.4.15)所得的单座大坝结构状态随机变量概率分布多项式 $u_i(z)$ $(i=1, 2, \cdots, N_j)$ 的基础上,进一步利用通用生成函数方法,构造组合算子 Ω,将梯级坝群结构状态函数 $\varphi_s(x_1, x_2, \cdots, x_{N_j})$ 的可能取值与相应概率,通过 z 变换生成多项式 $U(z)$,其表达式为:

$$\begin{aligned}
U(z) &= \Omega[u_1(z), u_2(z), \cdots, u_{N_j}(z)] \\
&= \Omega\left(\sum_{q=1}^{2} p_{1, q} z^{x_{1, q}}, \sum_{q=1}^{2} p_{2, q} z^{x_{2, q}}, \cdots, \sum_{q=1}^{2} p_{n_j, q} z^{x_{N_j, q}}\right) \\
&= \sum_{q=1}^{2} \sum_{q=1}^{2} \cdots \sum_{q=1}^{2} \left(\prod_{i=1}^{N_j} p_{i, q} z^{\varphi_s(x_{1, q1}, x_{2, q2}, \cdots, x_{n_j, qN_j})}\right)
\end{aligned} \tag{4.4.16}$$

式中: $p_{i, q}$ 的含义同式(4.4.15); $\varphi_s(x_{1, q1}, x_{2, q2}, \cdots, x_{n_j, qN_j})$ 为在随机变量 $(x_{1, q1}, x_{2, q2}, \cdots, x_{n_j, qN_j})$ 下的函数取值,由式(4.4.1)确定。

合并式(4.4.16)中同类项,基于梯级坝群结构状态函数 $\varphi_s(x_1, x_2, \cdots, x_{N_j})$ 的取值结果,结合递归函数 $\pi(k_j, N_j)$ 所表示的含义,得到 $\pi(k_j, N_j)$ 的表达式为:

$$\begin{aligned}
\pi(k_j, N_j) &= \delta[U(z), k_j] \\
&= \sum_{w=1}^{M} p_w \cdot I(g_w \geqslant k_j)
\end{aligned} \tag{4.4.17}$$

式中: g_w 为合并同类项后,式(4.4.16)中第 w 个 $\varphi_s(x_1, x_2, \cdots, x_{N_j})$ 取值结果; p_w 为与函数取值 g_w 对应的概率; M 为不同的函数取值个数; k_j 为第 j 个递归步中递归函数的参数; I 为指示函数,当 $g_w \geqslant k_j$ 时, $I(g_w \geqslant k_j) = 1$,反之, $I(g_w \geqslant k_j) = 0$。

4.4.2.3 梯级坝群实时风险率估算过程

上文研究了梯级坝群实时风险率递归估算方法,以及其中递归函数的通用生成函数计算方法,下面进一步探究基于递归-通用生成函数法的流域梯级坝群实时风险率估算过程。

根据 k/N 系统分析原理,梯级坝群实时风险率 $p_{fs(k/N)}(t)$ 估算过程的输入为梯级坝群内大坝总数目 N 及判断系统是否超出失效临界状态的指标 k。由4.3节提出的方法,估算得到各大坝整体风险实时风险率 $R_i(t)(i=1,2,\cdots,N)$ 与未超出失效临界状态的概率 $\xi_{i,t}(i=1,2,\cdots,N)$,并经递归分析,得到梯级坝群实时风险率,具体估算过程如下。

步骤 1:变量初始赋值。令递归步数 $s=0$,递归函数参数 $N_s=N$、$k_s=k$,递归函数 $\pi_s(k_s,N_s)=p_{fs(k/N)}(t)$。

步骤 2:更新递归函数、递归步数及递归函数参数。根据式(4.4.12),更新递归函数 $\pi(k_s,N_s)$,$\pi(k_s,N_s)=\xi_{N_s,t}\pi(k_s-1,N_s-1)+R_i(t)\pi(k_s,N_s-1)$;更新递归步数 $s=s+1$,更新递归函数参数 $N_s=N_s-1$。

步骤 3:判断递归终止条件。由式(4.4.13)和式(4.4.14),结合当前 k_s、N_s 的取值,作如下判断:当 $N_s\leqslant 0$ 时,则 $\pi(0,N_s)=0$,递归终止并执行步骤5,否则,执行步骤4;当 $k_s>N_s>0$ 时,则 $\pi(k_s,n_s)=0$,递归终止并执行步骤5,否则,执行步骤4。

步骤 4:重复步骤2~3。

步骤 5:确定梯级坝群实时风险率 $p_{fs(k/N)}(t)$ 结果。根据式(4.4.15)至式(4.4.17),计算递归终止步中更新函数内的所有待求递归函数 $\pi(k_s,N_s)$,并将递归终止步中更新函数内所需的 $R_i(t)$、$\xi_{i,t}$ 代入,得出梯级坝群实时风险率 $p_{fs(k/N)}(t)$ 估算结果。

4.5 工程实例

本节仍以本书3.5节中的 Y 江流域梯级坝群为例,按照4.2节至4.4节中研究方法,估算流域内各单座大坝及梯级坝群实时风险率。

4.5.1 单座大坝实时风险率估算

4.5.1.1 基于同类实测效应量的实时风险率估算

估算基于同类实测效应量的实时风险率前,需先构建表征任意位置处实测效应量的实测效应量场,本节以 A 坝径向变形实测效应量为例,说明 $z(s_0)$ 的构建过程及基于同类实测效应量的实时风险率估算过程。

2009 年 10 月 A 坝开工浇筑,2013 年 12 月全坝封拱,而后 A 坝开始运行,本次选取 A 坝封拱后首个蓄水周期 2014 年 1 月 1 日—2015 年 8 月 1 日的径向变形实测数据进行研究,经对实测数据初步分析,图 4.5.1 给出了 A 坝 17 组径向变形实测数据过程线。

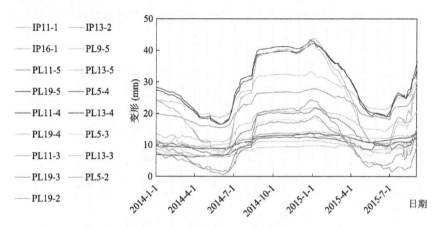

图 4.5.1　径向变形实测数据过程线

依据 4.2 节中同类实测效应量场的构建方法,以 2014 年 12 月 1 日为例,结合 A 坝在该日期的 17 个已知位置处径向变形实测数据以及位置信息,构建 2014 年 12 月 1 日 A 坝径向变形实测效应量场,见图 4.5.2。

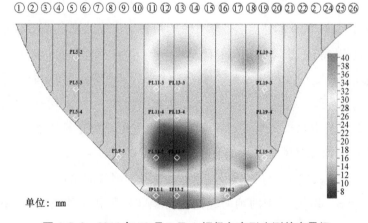

图 4.5.2　2014 年 12 月 1 日 A 坝径向变形实测效应量场

运用交叉检验方法,根据式(4.2.17)和式(4.2.18),计算所构建A坝径向变形实测效应量场的有效性评价指标结果,即$MAE=0.769$、$RMSE=0.830$。经计算,MAE与$RMSE$结果均小于$0.1\bar{Z}(s_i)$,说明所构建的A坝径向变形实测效应量场是有效的。

为估算基于变形实测效应量的实时风险率,在17个已知实测效应量数据位置的基础上,进一步选取均匀分布于A坝的总共24个位置作为关注位置$s_j(j=1,2,\cdots,24)$,图4.5.3给出了A坝变形实测效应量实时风险率估算中所关注位置s_j的分布。

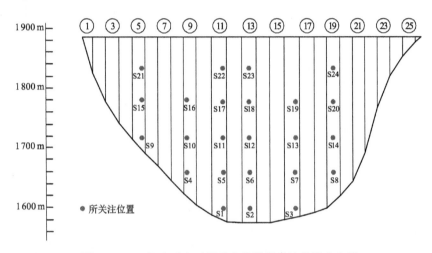

图4.5.3　A坝变形实时风险率估算所关注位置分布图

根据图4.5.3所示的关注位置s_j,结合图4.5.2所示的径向变形实测效应量场构建结果,可得到2014年12月1日A坝各s_j处的变形实测效应量值。经过同样的过程,得到2014年1月1日—2015年8月1日期间A坝在s_j处的变形实测效应量值$z_t(s_j)$结果序列。图4.5.4给出了A坝s_j处实时变形实测效应量值序列过程线。

由4.3.1节中基于同类实测效应量的实时风险率的估算方法可知,估计所关注位置s_j处的实时风险率$R_j(t)$($j=1,2,\cdots,24;t=1,2,\cdots,12$)前,需确定同类实测效应量的$p_f$与$z_{\lim}(s_j)$。大坝变形实测效应量反映大坝结构稳定状态,故在此$p_f$取为A坝的坝肩超出抗滑稳定极限状态的风险率,根据本书3.5节估算过程,p_f结果为1.67×10^{-7}。为进一步确定极限状态时刻下s_j处

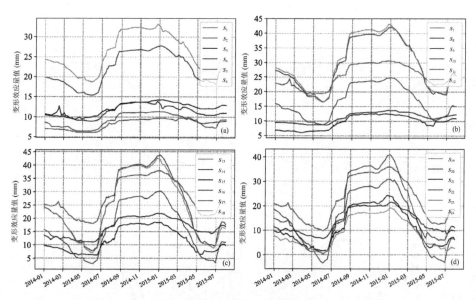

图 4.5.4　A 坝 s_j 处的实时变形实测效应量值 $z_t(s_j)$ 序列

的变形实测效应量值 $z_{\lim}(s_j)$，本节利用已知的 s_j 处变形实测效应量值，根据 4.3.1.2 节中方法，得到极限状态时刻下 A 坝各 s_j 处的变形实测效应量值 $z_{\lim}(s_j)$，表 4.5.1 列出了 $z_{\lim}(s_j)$ 的具体结果。

表 4.5.1　A 坝极限状态时刻下 s_j 处的变形实测效应量值

s_j	$z_{\lim}(s_j)$ (mm)	s_j	$z_{\lim}(s_j)$ (mm)	s_j	$z_{\lim}(s_j)$ (mm)	s_j	$z_{\lim}(s_j)$ (mm)
s_1	11.777	s_7	34.717	s_{13}	43.155	s_{19}	40.929
s_2	14.731	s_8	15.403	s_{14}	24.774	s_{20}	24.382
s_3	15.649	s_9	14.520	s_{15}	21.775	s_{21}	25.715
s_4	12.868	s_{10}	28.379	s_{16}	33.913	s_{22}	43.425
s_5	32.530	s_{11}	47.428	s_{17}	47.914	s_{23}	33.706
s_6	37.569	s_{12}	49.149	s_{18}	47.248	s_{24}	20.200

　　由 p_f 与表 4.5.1 中所示的 $z_{\lim}(s_j)$ 结果，利用式(4.3.2)，可求出 2014 年 1 月 1 日—2015 年 8 月 1 日期间 A 坝 s_j 处基于变形实测效应量的实时风险率 $R_j(t)(j=1, 2, \cdots, 24; t=1, 2, \cdots, 12)$，具体结果见图 4.5.5(a)—(d)，图 4.5.5(a-1)—(d-1)给出了分析时段期间 A 坝 s_j 处基于变形实测效应量的实时风险率最大值及对应日期。

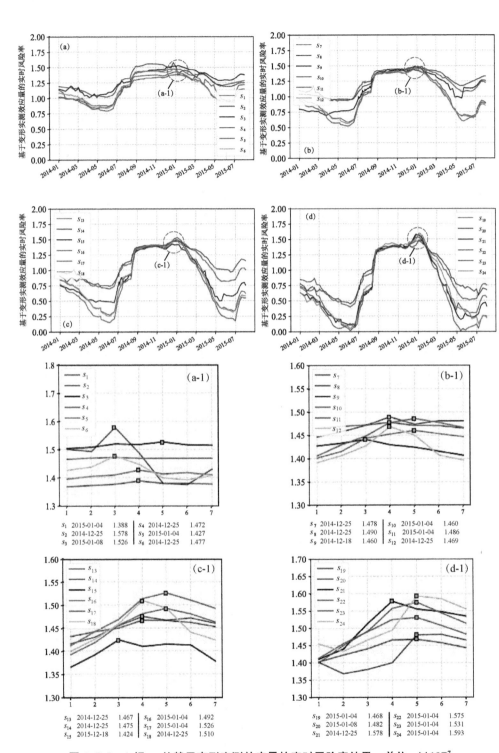

图 4.5.5　A 坝 s_j 处基于变形实测效应量的实时风险率结果　单位：$\times 10^{-7}$

由图 4.5.5 可以看出：①A 坝不同 s_j 处基于变形实测效应量的实时风险率 $R_j(t)$ 中的最小值均出现在 2014 年 5 月至 6 月，最大值均出现在 2014 年 12 月至 2015 年 1 月；②各 s_j 处基于变形实测效应量的实时风险率变化趋势相似，总体上呈现出 1 月至 6 月 $R_j(t)$ 逐月下降，6 月至 9 月 $R_j(t)$ 逐月上升的变化规律。

为进一步估算 A 坝基于变形实测效应量的实时风险率，需先确定各 s_j 处基于变形实测效应量的实时风险率结果的重要性，本节利用 4.3.2 节中投影寻踪赋权方法，确定 A 坝中各关注位置 s_j 处基于变形实测效应量的实时风险率权重，具体结果见表 4.5.2。

表 4.5.2　A 坝 s_j 处基于变形实测效应量的实时风险率权重

s_j	权重	s_j	权重	s_1	权重	s_j	权重
s_1	0.025	s_7	0.021	s_{13}	0.026	s_{19}	0.039
s_2	0.019	s_8	0.023	s_{14}	0.031	s_{20}	0.043
s_3	0.022	s_9	0.036	s_{15}	0.045	s_{21}	0.090
s_4	0.023	s_{10}	0.032	s_{16}	0.057	s_{22}	0.110
s_5	0.023	s_{11}	0.030	s_{17}	0.048	s_{23}	0.071
s_6	0.022	s_{12}	0.029	s_{18}	0.045	s_{24}	0.089

结合表 4.5.2 与图 4.5.5 中结果，根据式(4.3.3)，得到 A 坝基于变形实测效应量的实时风险率序列，见图 4.5.6，其中，A 坝基于变形实测效应量的实时风险率最大、最小值分别为 1.502×10^{-7} 与 4.011×10^{-8}，出现日期分别为 2015 年 1 月 4 日、2014 年 6 月 5 日。根据工程运行资料，A 坝在 2014 年 6 月蓄

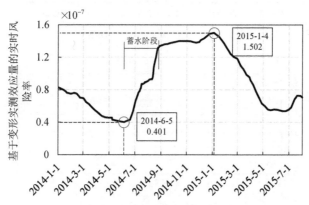

图 4.5.6　A 坝基于变形实测效应量的实时风险率结果过程线

水,水位抬升,在此阶段 A 坝受上游水荷载等风险因素影响的程度上升。图 4.5.6 中基于变形实测效应量的实时风险率在 6 月至 9 月呈现明显上升趋势,与 A 坝在实际运行中受风险影响程度的变化过程相吻合。

为量化 A 坝应力状态受风险影响的程度,依据 4.3.1 节方法,本书估算基于应力应变实测效应量的实时风险率,此次估算选取布设于 5♯、9♯、13♯与 19♯坝段共 8 组五向应变计组实测效应量数据进行研究。经对原型监测数据的预处理与应力应变转换,得到各应变计组所在位置处最大主应力过程线,见图 4.5.7,图中以拉应力为正、压应力为负。参照上述过程,得到 A 坝基于同类应力应变实测效应量的实时风险率,见图 4.5.8。

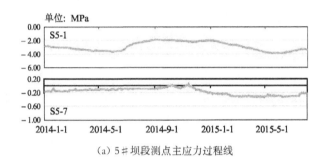

(a) 5♯坝段测点主应力过程线

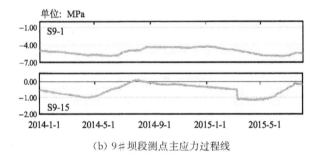

(b) 9♯坝段测点主应力过程线

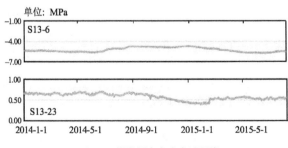

(c) 13♯坝段测点主应力过程线

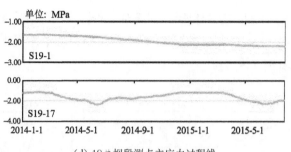

（d）19♯坝段测点主应力过程线

图 4.5.7　A 坝测点最大主应力过程线

由图 4.5.8 可以看出，2014 年 1 月 1 日—2015 年 8 月 1 日中 A 坝基于应力应变实测效应量的实时风险率的最大值与最小值分别为 2.759×10^{-7} 与 2.023×10^{-7}，出现日期分别为 2015 年 6 月 9 日、2014 年 9 月 11 日。

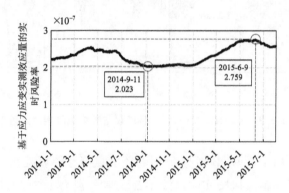

图 4.5.8　A 坝基于应力应变实测效应量的实时风险率结果过程线

4.5.1.2　单座大坝实时风险率估算

大坝整体风险通过实测效应量综合反映，为考虑基于不同实测效应量的实时风险率结果的不同重要性，通过投影寻踪赋权方法，得到三座大坝基于实测效应量的实时风险率权重 $\omega_k(k=1,2)$ 结果，见表 4.5.3。表 4.5.3 中 $\omega_k(k=1,2)$ 分别对应基于变形、应力应变实测效应量的实时风险率权重。

表 4.5.3　A 坝、B 坝与 C 坝基于同类实测效应量的实时风险率权重

权重	A 坝	B 坝	C 坝
ω_1	0.558	0.577	0.514
ω_2	0.442	0.423	0.486

结合权重 $\omega_k (k=1,2)$ 与单座大坝中基于各同类实测效应量的实时风险率估算结果 $R^{(k)}(t) (k=1,2)$,根据式(4.3.17),得到各单座大坝的整体风险实时风险率结果,见图 4.5.9。

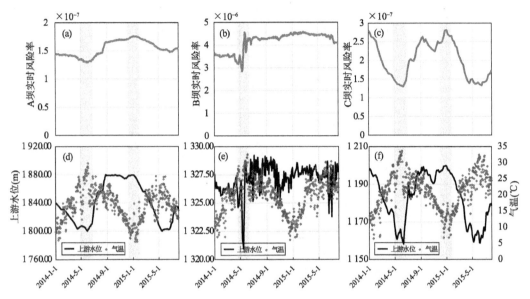

图 4.5.9　A 坝、B 坝与 C 坝的环境量与整体风险实时风险率

图 4.5.9 给出了 A 坝、B 坝与 C 坝的环境量与整体风险实时风险率,分析时段内三座大坝的整体风险实时风险率最大值分别为 1.757×10^{-7}、4.590×10^{-6} 与 2.813×10^{-7}。由结果看出,相比 A 坝与 C 坝,B 坝的实时风险率较大,为坝群中的薄弱工程。另外,A 坝与 C 坝的实时风险率在上游水位升高与温度降低运行条件下逐渐上升,最大实时风险率均出现在低温高水位运行时段。根据坝工理论,拱坝在高水位与温降运行条件下,坝体向下游变形增加,图 4.5.9(a)、(c)所示的大坝实时风险率过程线反映出大坝实际运行中受风险影响程度的变化。

4.5.2　梯级坝群实时风险率估算

为进一步估算梯级坝群实时风险率,本节基于 4.5.1 节中各单座大坝整体风险的实时风险率结果,依据 4.4 节中方法,构建 k/N 取为 2/3 的梯级坝群实时风险率 $p_{fs(2/3)}(t)$ 估算模型,该模型中参数 N 为 3,$k=2/3N$,取为 2。根据

4.4.2 节中的递归转化方法,得到 $p_{fs(2/3)}(t)$ 的估算公式为:

$$p_{fs(2/3)}(t) = 1 - [(1-R_A(t))[1-R_B(t)] + [1-R_A(t)][1-R_C(t)] + [1-R_B(t)][1-R_C(t)] - 2[1-R_A(t)][1-R_B(t)][1-R_C(t))]$$

$$(4.5.1)$$

式中:$R_A(t)$,$R_B(t)$,$R_C(t)$ 分别为 A 坝、B 坝与 C 坝的大坝整体风险实时风险率结果,由 4.5.1 节估算过程确定。由式(4.5.1)可知,本例中梯级坝群实时风险率 $p_{fs(2/3)}(t)$ 经递归转化后,公式中各分项均为可直接求解的单座大坝整体风险实时风险率,故直接利用式(4.5.1),得到 A 坝、B 坝与 C 坝组成的梯级坝群实时风险率结果。为分析梯级坝群实时风险率随时间变化特征,计算各月梯级坝群实时风险率的统计参数,给出了如图 4.5.10 所示的 Y 江流域梯级坝群的实时风险率箱形图。从图 4.5.10 可以看出,2014 年 5 月至 2015 年 1 月,梯级坝群实时风险率呈上升趋势,其结果变化范围在 $3.0 \times 10^{-6} \sim 5.5 \times 10^{-6}$。在 2014 年 5 月,坝群实时风险率出现明显波动,经对坝群监测资料分析,发现在该时段 B 坝上游水位出现较大幅度上升,同时 B 坝为坝群中较薄弱工程,因此,图 4.5.10 所示的实时风险率结果反映出坝群在该时段受风险影响程度大。

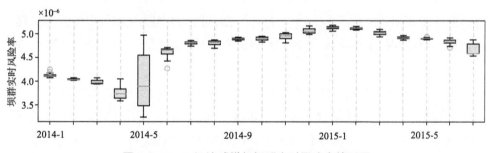

图 4.5.10　Y 江流域梯级坝群实时风险率箱形图

本节以分析时段内每月第一天作为典型日期进行估算,图 4.5.11 给出了典型日期不同 k/N 取值情况下的 Y 江流域梯级坝群实时风险率。图 4.5.11 中,k/N 取为 1/3 与 3/3 的折线分别表示未考虑、充分考虑系统安全裕度两类极端情况下,坝群实时风险率的估算结果。从图 4.5.11 可以看出,k/N 取 2/3 时的坝群实时风险率估算值在两类极端情况之间,与坝群实际状态更为符合。

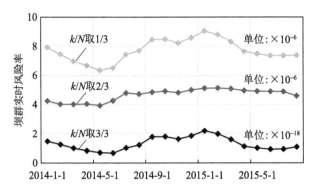

图 4.5.11　典型日期不同 k/N 取值情况下的 Y 江流域梯级坝群实时风险率

4.6　本章小结

本章研究了单座大坝实测效应量场的构建方法,提出了基于实测效应量场的各单座大坝整体风险率估算模型,并引入 k/N 系统可靠度分析理论,构建了梯级坝群实时风险率估算方法,主要研究内容及成果如下。

(1) 为解决大坝同类实测效应量场构建问题,基于大坝监测效应量时空统计模型,研究了构建实测效应量场中基础分量的方法,并经对克里金插值法的研究,建立了实测效应量场中空间变异分量,据此提出了同类实测效应量场的构建方法。与此同时,采用十折交叉检验方法,对所建立的实测效应量场的有效性进行了验证。

(2) 以同类实测效应量场作为单座大坝风险状态的表征依据,构建了单座大坝当前风险状态与极限状态的接近程度指标,由此建立了同类实测效应量场表征的单座大坝实时风险率估算模型;综合不同实测效应量所反映的大坝结构风险状态,提出了基于投影寻踪赋权的单座大坝实时风险率估算模型。

(3) 考虑梯级坝群系统的安全冗余性,引入 k/N 系统可靠度分析理论,结合数学归纳思想,构建了梯级坝群实时风险率估算模型。为提高实时风险率估算模型的求解效率,引入全概率公式,结合递归思想,经对梯级坝群系统实时风险率估算模型的等效处理,提出了基于递归-通用生成函数的梯级坝群实时风险率高效估算方法。

第五章

梯级坝群系统韧性分析方法

5.1 引言

本书第三章研究了梯级坝群危害性风险发生可能性的概率估算方法,第四章基于实测资料,探究了梯级坝群实时风险率的估算方法。以此为基础,本章将开展梯级坝群系统韧性评价方法研究,其目的是为梯级坝群的安全管理提供技术支持。

在传统系统韧性分析中,常用的系统韧性评价方法有层次分析法、主成分分析法、模糊综合评价法等。其中,层次分析法在赋权时依赖专家经验,所得结果受主观因素影响较大;主成分分析法通过降低指标维度提高评价结果的稳定性,但在主成分指标确定中也受人为因素影响;模糊综合评判法考虑了指标与指标等级间的模糊不确定性关系,但仍存在刻画指标与指标等级间的关系不够全面的问题。与此同时,传统系统韧性评价指标等级区间通常采用等距划分方式,然而对于梯级坝群一类的高度非线性的复杂系统,等距区间等级划分方式与实际情况有差距,影响了评价结果的客观性。

针对上述问题,本章结合梯级坝群系统运行特点,从系统的抵抗性、应对性和恢复性方面,构建梯级坝群系统韧性评价指标体系,探究并提出系统韧性评价指标确定方法。为解决传统方法系统韧性评价指标等间距划分影响评价结果的问题,引入证据理论,提出梯级坝群系统韧性评价指标不等间距划分方法。与此同时,经对坝群系统韧性评价指标权重确定方法的研究,借助集对分析方法思想,采用联系度表征韧性评价指标与指标等级间的关系,据此提出基于联系度的梯级坝群系统韧性评价方法,由此实现对梯级坝群系统韧性的综合评价。

5.2 梯级坝群系统韧性评价指标体系构建及指标量化方法

根据梯级坝群系统的特点,下文从系统抵抗性、应对性和恢复性三个方面,研究梯级坝群系统韧性评价指标的构建技术,并探究不同类型韧性评价指标的量化方法。

5.2.1 梯级坝群系统韧性评价指标体系的构建

梯级坝群系统韧性反映了系统面对风险时表现出限制破坏和保持稳定的能力[159, 200],总体而言,梯级坝群系统的韧性具有以下特征:①面对风险时坝群系统仍能保持功能和结构的控制力;②坝群系统具有自适应并重新恢复的能力。为此,本节围绕梯级坝群系统面对风险时的抵抗性、应对性和恢复性三个方面,研究坝群系统韧性评价指标及其体系的构建方法。

5.2.1.1 抵抗性评价指标

梯级坝群系统的抵抗性,重点描述系统面对风险威胁时的抵抗能力,主要包括两个方面:其一是梯级坝群系统在内外部风险因素作用下,抵抗失效风险的能力,失效风险发生可能性大,反映了系统抵抗能力弱;其二是坝群系统风险造成的后果,该后果的大小反映了坝群系统抵抗的能力的强弱,后果严重说明了系统抵抗能力弱。根据以上分析,表 5.2.1 给出了有关失效风险发生可能性与后果程度两个方面的抵抗性评价指标。

表 5.2.1 抵抗性评价指标

类别	说明	评价指标	指标特性
失效风险发生可能性	系统失效风险发生可能性水平描述在内外部不确定性影响因素作用下系统发生超出极限状态事件的可能性,通过梯级坝群超出极限状态风险率表征	梯级坝群超出极限状态风险率	定量指标
风险后果程度	系统风险造成的后果通常包括生命损失、经济损失、社会环境发展水平影响损失等方面,其中,区域受灾人口直观反映有关生命损失的后果;区域内年生产总值反映有关经济损失的后果;区域人口、行政面积等方面综合反映有关社会发展损失的后果;区域内动植物数量、珍稀等级等方面反映有关环境损失的后果。本节通过构造后果系数指标综合反映系统受风险影响产生的后果程度	后果系数	定量指标

5.2.1.2 应对性评价指标

梯级坝群系统的应对性,主要表征系统面对风险影响时应对调整的能力。

系统应对性其一与系统内单座大坝的等级有关,系统内等级高的大坝在设计时考虑的安全裕度更大,面对同样的风险威胁时能够更好地应对调整并继续发挥结构功能;其二与第四章分析得到的系统实时风险率有关,其能表征梯级坝群系统的实时结构状态,实时风险率低反映了结构状态越偏离失效临界状态,面对风险威胁时具有更好的应对能力。基于上述分析,表5.2.2给出了系统结构应对能力与系统实时风险程度两个方面的应对性评价指标。

表 5.2.2　应对性评价指标

类别	说明	评价指标	指标特性
系统结构应对能力	系统结构应对能力反映系统面对风险威胁时的应对能力,综合考察系统内各单座大坝等级,对系统应对能力进行表征,本节通过系统结构应对能力系数表示系统结构对风险的应对能力水平	系统结构应对能力系数	定性指标
系统实时风险程度	系统实时风险程度是综合各项监测效应量后对系统结构性态的表征,系统实时风险程度考虑系统连接关系、安全冗余等特性,本节通过流域梯级坝群实时风险率表征系统实时风险程度	梯级坝群实时风险率	定量指标

5.2.1.3　恢复性评价指标

梯级坝群系统恢复性,重点反映在不利影响发生后将坝群系统恢复至正常状态的能力,主要包括:①发生危害性风险时,梯级坝群系统应对风险的效率,即救援水平;②危害性风险发生后,将受风险影响区域恢复到受灾前状态的重建能力。由上述分析,表5.2.3给出了救援水平和重建水平两个方面的恢复性评价指标。

表 5.2.3　恢复性评价指标

类别	说明	评价指标	指标特性
救援水平	救援水平是系统恢复能力的核心反映,通过指挥调度专业性、救援队伍专业性、应急预案启动时间指标表征	指挥调度专业性	定性指标
		救援队伍专业性	定性指标
		应急预案启动时间	定性指标
重建水平	重建水平反映灾后恢复能力,通过队伍的灾后重建能力指标表征	队伍灾后重建能力	定性指标

综合以上分析,本书构建的梯级坝群系统韧性评价指标体系如图 5.2.1 所示,其中:第一层为梯级坝群系统韧性评价的目标层,描述风险影响下梯级坝群系统韧性评价结果;第二层为反映梯级坝群系统韧性的抵抗性、应对性与恢复性的评价指标层;第三层为坝群系统的抵抗性、应对性及恢复性评价指标的具体量化层,包括后果系数、超出极限状态风险率等八项具体韧性评价指标。结合图 5.2.1,上述三个层次中的韧性评价指标记为 X_{i-j},i 为指标所在层数,j 为指标在第 i 层中的序号。基于图 5.2.1 所示的三层次评价指标体系,下面进一步对流域梯级坝群系统韧性评价指标进行量化分析。

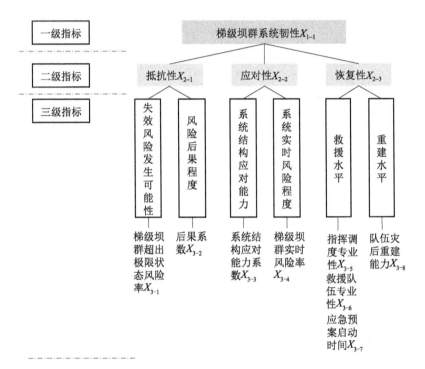

图 5.2.1　梯级坝群系统韧性评价指标体系

5.2.2　梯级坝群系统韧性评价指标量化方法

在上文研究的基础上,下面重点研究各项评价指标的量化方法,对于图 5.2.1 中所示的梯级坝群超出极限状态风险率 X_{3-1}、梯级坝群实时风险率 X_{3-4} 指标,其确定方法已分别在第三章和第四章中进行了研究。5.2.2.1 和 5.2.2.2 节将进一步探究其余评价指标的量化方法。

5.2.2.1　后果系数 X_{3-2} 的量化方法

由表 5.2.1 可知,后果系数的确定涉及生命损失 S_L、经济损失 S_{Total} 与社会环境影响损失 S_{SE},为综合考量 S_L、S_{Total}、S_{SE} 所反映的风险后果,参考文献[201],后果系数 L 的表达式为:

$$L = \sum_{i=1}^{3} W_i S_i \tag{5.2.1}$$

式中:W_i 为第 i 个损失的权重系数,通过层次分析法(Analytic Hierarchy Process,AHP)构造 S_1、S_2、S_3 间的相对重要性判断矩阵;S_1、S_2、S_3 分别是生命损失 S_L、经济损失 S_{Total} 和社会环境影响损失 S_{SE} 的严重性系数,由式(5.2.2)至式(5.2.4)计算得到,即:

$$S_1 = 1 - \exp(-a_1 b_1^{\lg S_L}) \tag{5.2.2}$$

$$S_2 = 1 - \exp(-a_2 b_2^{\lg S_{Total}}) \tag{5.2.3}$$

$$S_3 = \frac{1}{4}\lg S_{SE} \tag{5.2.4}$$

式(5.2.2)和式(5.2.3)中,参数 a_1,b_1,a_2,b_2 参考相关文献[201]进行确定。

为确定 S_1,S_2,S_3,下面进一步研究式(5.2.2)至式(5.2.4)中 S_L、S_{Total} 与 S_{SE} 的估算方法。

1)生命损失 S_L 估算

S_L 受梯级坝群系统内人口数目以及人口死亡率的影响,参考文献[202],其表达式为:

$$S_L = P_{AR} \times f \tag{5.2.5}$$

式中:P_{AR} 为风险人口,根据政府统计数据确定;f 为风险人口死亡率,与洪水严重水平 D_s、警报时间 W_T 等因素有关,下面研究 D_s、W_T 及 f 的确定方法。

(1)洪水严重水平 D_s 确定

D_s 表示在梯级坝群系统内,洪水对风险人口所在场所的损毁程度,本节基于 Graham 法[203],根据判定指标 q 对洪水严重性 D_s 进行定性评价,q 的表达式为:

$$q = \frac{Q_f - Q_{ave}}{W_f} \tag{5.2.6}$$

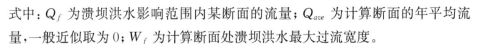
式中：Q_f 为溃坝洪水影响范围内某断面的流量；Q_{ave} 为计算断面的年平均流量，一般近似取为 0；W_f 为计算断面处溃坝洪水最大过流宽度。

根据洪水在影响范围内对风险人口所在场所的损坏程度以及 q 值，参考文献[204]，洪水严重水平 D_s 分为以下三个等级。

a. 低严重水平等级：风险人口所在场所个别损坏，$q \leqslant 4.6 \ m^2/s$；

b. 中严重水平等级：风险人口所在场所局部损坏，$4.6 \ m^2/s < q \leqslant 12 \ m^2/s$；

c. 高严重水平等级：风险人口所在场所完全损坏，$q > 12 \ m^2/s$。

（2）警报时间 W_T 确定

W_T 指洪水警报发布后至风险影响范围内人员开始撤退之间的时间，根据 W_T 长短可分为以下三个等级：① $W_T \leqslant 15 \ min$，无警报；② $15 \ min < W_T \leqslant 60 \ min$，部分警报；③ $W_T > 60 \ min$，充分警报。

参考文献[202]，表 5.2.4 给出了基于 D_s 与 W_T 结果选取风险人口死亡率 f 的建议值。

表 5.2.4　风险人口死亡率选取建议值

洪水严重水平 D_s	警报时间 W_T（h）	f（Graham 法）	
		建议值	建议值范围
高	<0.25	0.750 0	0.300 0～1.000 0
	0.25～1.0	0.200 0	0.050 0～0.400 0
	>1.0	0.180 0	0.010 0～0.300 0
中	<0.25	0.250 0	0.030 0～0.350 0
	0.25～1.0	0.040 0	0.010 0～0.080 0
	>1.0	0.030 0	0.005 0～0.060 0
低	<0.25	0.010 0	0.000 0～0.020 0
	0.25～1.0	0.007 0	0.000 0～0.015 0
	>1.0	0.000 3	0.000 0～0.000 6

由表 5.2.4 确定风险人口死亡率 f，将 f 代入式（5.2.5）得到生命损失 S_L 的估算结果。

2）经济损失 S_{Total} 估算

S_{Total} 指风险在梯级坝群系统内造成的各类经济损失，主要包括直接经济损

失 S_D 和间接经济影响 S_I，其计算表达式为：

$$S_{Total} = S_D + S_I \tag{5.2.7}$$

式(5.2.7)中直接经济损失 S_D 的估算表达式为：

$$S_D = \sum_i \sum_j A_{ij} \eta_{ij} (1+e_j)^N \tag{5.2.8}$$

式中：i，j 分别为区域编号与行业编号；A_{ij} 为第 i 地区内第 j 行业的产值；η_{ij} 为第 i 地区内第 j 行业的经济损失率；e_j 为第 j 行业的年产值增长率；N 为社会经济数据统计时间到灾害发生时间之间的年份数。以上参数通过查找相关政府统计数据、抽样调查等方式获取。

由于间接经济损失 S_I 的概念复杂，无法确定明显的计算边界，以至于难以精确地定量计算，通常根据直接经济损失 S_D 估算获得，S_I 的估算表达式为：

$$S_I = \sum_i \sum_j S_{D_{ij}} \times K_j \tag{5.2.9}$$

式中：$S_{D_{ij}}$ 为第 i 地区第 j 行业的直接经济损失；K_j 为第 j 行业的间接经济损失折减系数。

3）社会环境影响损失 S_{SE} 估算

S_{SE} 主要包括风险对梯级坝群系统内社会环境的影响。目前，对 S_{SE} 的估算研究尚处于起步阶段，通常采用系数法估算，该方法估算 S_{SE} 的表达式如下：

$$S_{SE} = NCIhRlLP \tag{5.2.10}$$

式中：N 表示风险人口系数；C 表示重要城市系数；I 表示重要设施系数；h 表示文物古迹系数；R 表示河道形态系数；l 表示生物环境系数；L 表示人文景观系数；P 表示污染工业系数。各系数的取值参照文献[204]确定。

综上所述，将生命损失 S_L、经济损失 S_{Total} 与社会环境影响损失 S_{SE} 估算结果分别代入式(5.2.2)至式(5.2.4)，利用式(5.2.1)，得到后果系数 X_{3-2} 的结果。

5.2.2.2 其他定性指标 X_{3-3}，X_{3-5} 至 X_{3-8} 的量化方法

下面研究图 5.2.1 中其他定性指标（X_{3-3}，X_{3-5} 至 X_{3-8}）的确定方法。由于 X_{3-3}，X_{3-5} 至 X_{3-8} 为定性指标，下面基于犹豫模糊集[205]的思想，采用语义标度来刻画上述定性指标，由此提出梯级坝群系统韧性评价定性指标的量化方法。

设 $L = \{l_\alpha \mid \alpha = 0, 1, 2, \cdots, t\}$ 为梯级坝群系统韧性评价定性指标语义标

度集合,则对应的五等级语义标度集合 L 表达式为:

$$L = \{l_0: 极好, l_1: 好, l_2: 一般, l_3: 差, l_4: 极差\} \qquad (5.2.11)$$

为将语义标度集中的韧性评价定性指标量化结果映射至实数空间,构造各语义标度 l_a($\alpha = 0 \sim 4$)对应的隶属度 ξ_a 表达式为:

$$\xi_a = \frac{\alpha}{t} \qquad (5.2.12)$$

根据犹豫模糊集理论,定义 $H_L^k = \{\langle x_i, h_L^k(x_i) \rangle \mid x_i \in X, i = 1, 2, \cdots, n, k = 1, 2, \cdots, K\}$,表示在梯级坝群系统韧性评价定性指标论域 X 上,第 k 位专家给出的韧性评价定性指标的语义集,n 为韧性评价定性指标个数,K 为专家人数;$h_L^k(x_i)$ 为语义集中第 k 位专家对第 i 个韧性评价定性指标的量化结果,$h_L^k(x_i) = \{l_{\eta_j}^k(x_i) \mid l_{\eta_j}^k(x_i) \in L, j = 1, 2, \cdots, J\}$,$\eta_j \in (0, 1, 2, 3, 4)$,其中 J 表示 $h_L^k(x_i)$ 中元素个数。

由式(5.2.12)中语义标度 l_a 与隶属度 ξ_a 间的关系,第 k 位专家给出对于韧性评价定性指标 x_i 的量化结果实数集合 $h_\xi^k(x_i)$,表达式为:

$$h_\xi^k(x_i) = \{\xi_{\eta_j}(x_i) \mid \xi_{\eta_j}(x_i) \in [0, 1], j = 1, 2, \cdots, J\} \qquad (5.2.13)$$

式中:$\xi_{\eta_j}(x_i)$ 为集合 $h_\xi^k(x_i)$ 中第 j 个元素;J 表示集合 $h_\xi^k(x_i)$ 中元素的个数。

由于专家在梯级坝群系统韧性指标量化过程中存在一定主观性,因此需综合考虑多名专家的意见,才能得到较为可靠的韧性评价定性指标量化结果。一般而言,当第 k 个专家与其他专家给出的量化结果相似度高,说明该专家给出的量化结果具有更高的可信性,应被赋予更高的权重。根据上述思想,本节提出基于相似性度量的专家权重确定方法,该方法的基本思路是通过构建距离测度描述专家评价结果的相似性,由此确定专家权重,具体研究内容如下。

(1)构造韧性评价定性指标量化结果的综合距离测度

设第 p 位与第 q 位专家给出的关于第 i 个定性指标的量化结果分别为 $h_\xi^{p,i}$,$h_\xi^{q,i}$,其表达式分别为 $h_\xi^{p,i} = \{\xi_j^{p,i} \mid j = 1, 2, \cdots, J_1\}$,$h_\xi^{q,i} = \{\xi_j^{q,i} \mid j = 1, 2, \cdots, J_2\}$。为表征韧性评价指标间相似性,本节基于欧式距离概念构造度量两定性指标量化结果的距离测度。

当 $h_\xi^{p,i}$,$h_\xi^{q,i}$ 中元素个数相同,即 $J_1 = J_2$,两定性指标量化结果间的犹豫模糊欧式距离表达式为:

$$d_i(h_\xi^{p,i}, h_\xi^{q,i}) = \frac{1}{J} \sum_{j=1}^{J} \sqrt{\left[\xi_j^{p,i}(x_i) - \xi_j^{q,i}(x_i)\right]^2} \quad i=1, 2, \cdots, n \quad (5.2.14)$$

式中：$d_i(h_\xi^{p,i}, h_\xi^{q,i})$ 为第 p，q 两位专家给出关于第 i 个韧性评价定性指标量化结果相似性的距离测度；$\xi_j^{p,i}(x_i)$，$\xi_j^{q,i}(x_i)$ 分别为第 p，q 两位专家对第 i 个韧性评价定性指标量化结果中第 j 个元素；J 为 $h_\xi^{p,i}$，$h_\xi^{q,i}$ 中元素的个数；n 为梯级坝群系统韧性评价定性指标个数。

当 $h_\xi^{p,i}$，$h_\xi^{q,i}$ 中元素个数不相同，$h_\xi^{p,i} = \{\xi_m^{p,i} \mid m=1, 2, \cdots, J_1\}$，$h_\xi^{q,i} = \{\xi_g^{q,i} \mid g=1, 2, \cdots, J_2\}$，$J_1 \neq J_2$；则构造 $h_\xi^{p,i}$，$h_\xi^{q,i}$ 间犹豫模糊欧式距离的表达式为：

$$d_i(h_\xi^{p,i}, h_\xi^{q,i}) = \frac{1}{2}\left[\frac{1}{J_1} \sum_{m=1}^{J_1} \left(\prod_{g=1}^{J_2} |\xi_m^{p,i}(x_i) - \xi_g^{q,i}(x_i)|^2\right)^{1/J_2}\right]^{1/2} +$$
$$\frac{1}{2}\left[\frac{1}{J_2} \sum_{g=1}^{J_2} \left(\prod_{m=1}^{J_1} |\xi_m^{p,i}(x_i) - \xi_g^{q,i}(x_i)|^2\right)^{1/J_1}\right]^{1/2} \quad (5.2.15)$$

式中：$d_i(h_\xi^{p,i}, h_\xi^{q,i})$ 与 n 的含义同式(5.2.14)；$\xi_m^{p,i}(x_i)$ 为第 p 位专家对第 i 个韧性评价定性指标量化结果中第 m 个元素；$\xi_g^{q,i}(x_i)$ 为第 q 位专家对第 i 个韧性评价定性指标量化结果中第 g 个元素。

结合两位专家对 n 个韧性评价定性指标量化结果相似性的距离测度 $d_i(h_\xi^{p,i}, h_\xi^{q,i})$ $(i=1, 2, \cdots, n)$，构造两位专家间评价指标的综合距离 $d_{p,q}$，其表达式为：

$$d_{p,q} = \frac{\sum_{i=1}^{n} d_i(h_\xi^{p,i}, h_\xi^{q,i})}{n} \quad (5.2.16)$$

（2）构造专家评价结果的相似性度量指标

在专家 p 与 q 的评价指标量化结果的综合距离 $d_{p,q}$ 基础上，本节定义两专家间评价指标量化结果相似度 S_{pq}，其表达式为：

$$S_{pq} = 1 - d_{p,q} \quad (5.2.17)$$

实际情况中，设有 K 位专家参与梯级坝群系统韧性评价，为反映各专家之间评价指标量化结果的相似性程度，在式(5.2.17)结果基础上，构造 K 位专家韧性评价定性指标量化结果的相似度矩阵 $\boldsymbol{S} = [S_{pq}]_{K \times K}$，$\boldsymbol{S}$ 的表达式为：

$$\boldsymbol{S} = \begin{bmatrix} S_{11} & S_{12} & \cdots & S_{1q} & \cdots & S_{1K} \\ S_{21} & S_{22} & \cdots & S_{1q} & \cdots & S_{2K} \\ \vdots & \vdots & \ddots & \vdots & & \vdots \\ S_{p1} & S_{p2} & \cdots & S_{pq} & \cdots & S_{1K} \\ \vdots & \vdots & & \vdots & \ddots & \vdots \\ S_{K1} & S_{K2} & \cdots & S_{Kq} & \cdots & S_{KK} \end{bmatrix} \qquad (5.2.18)$$

式中：S_{pq} 表示专家 p 与 q 给出的韧性评价定性指标量化结果的相似度；当 $p = q$ 时，$S_{pq} = 1$。

在式(5.2.18)基础上，为综合度量第 p 位专家与其他专家间韧性评价定性指标量化结果的相似程度，本节构造专家韧性评价定性指标量化结果的综合相似度 S^p，S^p 的表达式为：

$$S^p = \sum_{q=1}^{K} S_{pq} - 1 \qquad (5.2.19)$$

（3）确定专家权重

基于各专家韧性评价定性指标量化结果的综合相似度 S^p，则第 p 位专家的韧性评价定性指标的权重 ω_p 为：

$$\omega_p = \frac{S^p}{\sum\limits_{p=1}^{K} S^p} \qquad (5.2.20)$$

综上，利用 K 位专家给出的第 i 个韧性评价定性指标的量化结果 $h_\xi^{p,i} = \{\xi_j^{p,i} \mid j = 1, 2, \cdots, J\}(p = 1, 2, \cdots, K)$，结合对韧性评价定性指标的赋权 ω_p，得到最终梯级坝群第 i 个韧性评价定性指标量化结果 $h_i^*(x_i)$，其表达式为：

$$h_i^*(x_i) = \left\{ \sum_{p=1}^{K} \omega_p \xi_j^{p,i} \mid j = 1, 2, \cdots, J \right\} \qquad (5.2.21)$$

式中：J 为 $h_i^*(x_i)$ 中的元素个数。

5.3　梯级坝群系统韧性评价等级划分方法

在梯级坝群系统韧性评价等级划分中,需要解决以下两个问题:其一为各韧性评价指标等级划分;其二为系统韧性等级划分。下面以五等级划分为例研究韧性评价指标和系统韧性等级的划分方法。

(1) 梯级坝群系统韧性评价各指标等级划分方法

令各韧性评价指标在 $[0,1]$ 区间内的 Ⅰ ～ Ⅴ 等级等间距区间分别为:$[0,\varphi_1)$,$[\varphi_1,\varphi_2)$,$[\varphi_2,\varphi_3)$,$[\varphi_3,\varphi_4)$,$[\varphi_4,1.0]$,其中 $\varphi_1,\varphi_2,\varphi_3,\varphi_4$ 为各等级区间的分界值,图 5.3.1 为各韧性评价指标等间距划分结果,对应 Ⅰ、Ⅱ、Ⅲ、Ⅳ、Ⅴ 等级的区间分别为 $[0,0.2)$,$[0.2,0.4)$,$[0.4,0.6)$,$[0.6,0.8)$,$[0.8,1.0]$。

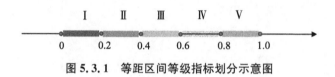

图 5.3.1　等距区间等级指标划分示意图

对于梯级坝群系统而言,其韧性评价各指标等级划分为非等间距的。针对该问题,下面在各韧性评价指标等级等间距划分确定的分界值 $\varphi_i(i=1,2,\cdots,4)$ 结果基础上,经对 φ_i 的调整,得到梯级坝群系统各韧性评价指标等级划分分界值 $\varphi_i'(i=1,2,\cdots,4)$,其表达式为:

$$\varphi_i'=\begin{cases}\varphi_i+\alpha_i(\varphi_{i+1}-\varphi_i) & i=1,2,3 \\ \varphi_i+\alpha_i(1-\varphi_i) & i=4\end{cases} \tag{5.3.1}$$

式中:α_i 为修正系数,取值范围为 0～1。

由式(5.3.1)可知,要确定梯级坝群系统内各韧性评价指标等级的非等间距划分结果,其关键是解决确定修正系数 α_i 的问题。下面基于证据理论,研究梯级坝群系统韧性评价指标等级区间分界值修正系数 α_i 的确定方法。

令识别框架 Θ 为修正系数 α_i 可能取值组成的论域集合,Θ 中所有可能子集的集合都属于幂集 2^{Θ}。在 2^{Θ} 基础上定义基本概率分配函数 $m(A)$,对所有韧性评价指标等级区间分界值修正系数 α_i 可能取值赋予一个可信概率,$m(A)$ 满足以下关系:

$$\begin{cases} m(\varnothing)=0 \\ \sum\limits_{A \subseteq 2^{\Theta}} m(A)=1 \end{cases} \qquad (5.3.2)$$

式中：A 为识别框架 Θ 中的命题，$A=\{a_1, a_2, \cdots, a_j, \cdots, a_N\}$，$N$ 为修正系数 α_i 的可能取值个数；$m(A)$ 为命题 A 的基本概率分配函数，$m(A)=\{p_1, p_2, \cdots, p_j, \cdots, p_N\}$，其中 p_j 表示命题 A 内修正系数 α_i 取值为 a_j 的可信概率。

为考虑多组修正系数取值命题可信概率的综合结果，设 $m_1(A_1)$，$m_2(A_2)$，$\cdots$，$m_M(A_M)$ 分别是 M 组修正系数取值命题的基本概率分配函数，基于证据理论，构造 M 组修正系数取值可信概率的正交和表示修正系数取值命题 A 的基本概率分配函数 $m(A)$，其表达式为：

$$m(A)=m_1 \oplus m_2 \oplus \cdots \oplus m_M$$
$$=\begin{cases} 0, & A=\varnothing \\ \dfrac{1}{1-K} \sum\limits_{A_1 \cap A_2 \cap \cdots \cap A_M=A} m_1(A_1) \cdot m_2(A_2) \cdot \cdots \cdot m_M(A_M), & A \neq \varnothing \end{cases}$$

$$(5.3.3)$$

式中：K 为冲突系数，代表多组修正系数取值可信概率间的冲突程度，其计算表达式见式(5.3.4)。

$$K=\sum\limits_{A_1 \cap A_2 \cap \cdots \cap A_M \neq \varnothing} m_1(A_1) \cdot m_2(A_2) \cdot \cdots \cdot m_M(A_M) \qquad (5.3.4)$$

由证据理论可知，如果式(5.3.4)计算所得的 K 值过大，反映了多组修正系数取值可信概率间冲突较大，则式(5.3.3)的证据融合方法无法产生合理的修正系数结果。为解决上述问题，在此定义信任度概念 ε，其表达式为：

$$\varepsilon=e^{-k} \qquad (5.3.5)$$

$$k=\frac{1}{M(M-1)/2} \sum\limits_{i<j} k_{ij} \quad i=1, 2, \cdots, M; j=1, 2, \cdots, M \qquad (5.3.6)$$

式中：k 为修正系数取值可信度间冲突系数 k_{ij} 的平均值。k_{ij} 为第 i, j 组修正系数取值可信概率间的冲突系数，其计算表达式为：

$$k_{ij} = \sum_{A_i \cap A_j \neq \varnothing} m_i(A_i) \cdot m_j(A_j) \tag{5.3.7}$$

通过上述分析，引入信任度 ε 与冲突系数平均值 k，得到表征多组修正系数可信度取值结果的基本概率分配函数 $m(A)$，其表达式为：

$$m(A) = \begin{cases} 0, & A = \varnothing \\ P(A) + k \cdot \varepsilon \cdot q(A), & A \neq \varnothing \end{cases} \tag{5.3.8}$$

式中：$P(A) = \sum\limits_{A_1 \cap A_2 \cap \cdots \cap A_M = A} m_1(A_1) \cdot m_2(A_2) \cdot \cdots \cdot m_M(A_M)$；$q(A) = \frac{1}{M}\sum\limits_{i=1}^{M} m_i(A_i)$；$\varepsilon$、$k$ 分别由式（5.3.5）和式（5.3.6）确定。

由式（5.3.8）确定的 $m(A)$，结合修正系数 α_i 的可能取值命题 A，得到修正系数 α_i 的表达式为：

$$\alpha_i = \sum_{j=1}^{N} p_j a_j \tag{5.3.9}$$

式中：a_j 为命题 A 内修正系数 α_i 的可能取值；p_j 表示命题 A 内各修正系数 α_i 取值为 a_j 的可信概率。

利用式（5.3.9）得到的修正系数结果，根据式（5.3.1）修正等间距韧性评价指标等级分界值 $\varphi_1 \sim \varphi_4$，最终得到系统韧性评价指标 Ⅰ～Ⅴ 等级划分结果 B 为：

$$B = \{ \text{Ⅰ：极好}[0, \varphi_1'), \text{Ⅱ：好}[\varphi_1', \varphi_2'), \text{Ⅲ：一般}[\varphi_2', \varphi_3'),$$
$$\text{Ⅳ：差}[\varphi_3', \varphi_4'), \text{Ⅴ：极差}[\varphi_4', 1] \} \tag{5.3.10}$$

（2）梯级坝群系统韧性评价等级划分方法

上文研究了梯级坝群系统韧性评价各指标等级划分的方法，以此为基础，采用同样的方法对梯级坝群系统韧性评价等级进行划分，其系统韧性评价 Ⅰ～Ⅴ 等级划分结果 B 为：

$$B = \{ \text{Ⅰ：韧性极好}[0, \varphi_1'), \text{Ⅱ：韧性好}[\varphi_1', \varphi_2'), \text{Ⅲ：韧性一般}[\varphi_2', \varphi_3'),$$
$$\text{Ⅳ：韧性差}[\varphi_3', \varphi_4'), \text{Ⅴ：韧性极差}[\varphi_4', 1] \} \tag{5.3.11}$$

对于式（5.3.11）而言，由于专家给出的系统韧性评价等级不一致，因此，$\varphi_1' \sim \varphi_4'$ 需通过综合各专家评价结果确定。

5.4 梯级坝群系统韧性评价方法

根据 5.2 节构建的梯级坝群系统韧性评价指标体系,结合 5.3 节提出的各韧性评价指标等级及系统韧性评价等级划分方法,本节经对韧性评价指标权重确定方法的探究,进一步研究梯级坝群系统韧性评价方法。

5.4.1 韧性评价指标权重确定方法

梯级坝群系统韧性评价中各评价指标所表征侧重点有所不同,在韧性评价前需为各评价指标赋予相应的权重。传统的韧性评价指标赋权仅考虑韧性评价指标的相对重要性,将各韧性评价指标设置为常权重,不适用于梯级坝群系统韧性评价。下面基于变权理论,研究梯级坝群系统韧性评价指标赋权方法。

为消除梯级坝群系统韧性评价中不同指标量纲不一致问题,在研究中需先对各韧性评价指标进行归一化处理,其表达式为:

$$x_i = \frac{x'_i - x^i_{\min}}{x^i_{\max} - x^i_{\min}} \tag{5.4.1}$$

式中:x_i 为归一化后的韧性评价指标;x'_i 为归一化前的韧性评价指标;$x^i_{\min}$ 为第 i 个韧性评价指标的最小值;$x^i_{\max}$ 为第 i 个韧性评价指标的最大值。

设 $\boldsymbol{X} = [x_1, x_2, \cdots, x_n]$ 为韧性评价指标向量;n 为待确定权重的指标数量;$\boldsymbol{W} = [\omega_1, \omega_2, \cdots, \omega_n]$ 为韧性评价指标常权重向量;$\boldsymbol{S}(\boldsymbol{X}) = [S_1(x_1), S_2(x_2), \cdots, S_n(x_n)]$ 为韧性评价状态向量,取值与韧性评价指标 $x_i (i = 1, 2, \cdots, n)$ 有关。则韧性指标变权重向量 $\boldsymbol{W'}(\boldsymbol{X}) = [w_1, w_2, \cdots, w_n]$ 中第 j 个韧性评价指标变权重 w_j 的表达式为:

$$w_j = \frac{\omega_j \cdot S_j(x_j)}{\sum\limits_{i=1}^{n} \omega_i \cdot S_i(x_i)} \tag{5.4.2}$$

则韧性评价指标变权重向量 $\boldsymbol{W'}(\boldsymbol{X})$ 的表达式为:

$$\boldsymbol{W'}(\boldsymbol{X}) = \left(\frac{\omega_1 \cdot S_1(x_1)}{\sum\limits_{i=1}^{n} \omega_i \cdot S_i(x_i)}, \frac{\omega_2 \cdot S_2(x_2)}{\sum\limits_{i=1}^{n} \omega_i \cdot S_i(x_i)}, \cdots, \frac{\omega_n \cdot S_n(x_n)}{\sum\limits_{i=1}^{n} \omega_i \cdot S_i(x_i)} \right)$$

$$\tag{5.4.3}$$

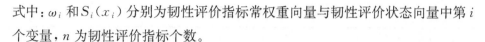

式中：ω_i 和 $S_i(x_i)$ 分别为韧性评价指标常权重向量与韧性评价状态向量中第 i 个变量，n 为韧性评价指标个数。

由式（5.4.3）可知，构建韧性评价指标变权重向量 $\boldsymbol{W}'(\boldsymbol{X})$，需要解决 ω_i 与 $S_i(x_i)$ 的确定问题。下面研究 ω_i 与 $S_i(x_i)$ 的确定方法。

5.4.1.1　韧性评价指标常权重向量 $\boldsymbol{W}$ 的确定方法

本节基于层次分析法的思想，考察梯级坝群系统韧性评价指标的相对重要性，由此确定韧性评价指标 $x_i(i=1,2,\cdots,n)$ 对应的常权重向量 $\boldsymbol{W}=[\omega_1,\omega_2,\cdots,\omega_n]$。

设坝工专家确定两两韧性评价指标 x_i，x_j 间的相对重要度为 a_{ij}，相应的韧性评价指标相对重要性判断矩阵为 $\boldsymbol{A}=[a_{ij}]_{n\times n}$，其中 a_{ij} 所表示的指标间相对重要性含义见表 5.4.1。

在确定 $\boldsymbol{W}$ 过程中，需要对韧性评价指标相对重要性判断矩阵 $\boldsymbol{A}=[a_{ij}]_{n\times n}$ 进行一致性检验，下面研究判断矩阵 $\boldsymbol{A}$ 一致性检验的方法。参考文献[206]，一致性检验指标 CI 的表达式为：

$$CI=\frac{\lambda_{\max}-n}{n-1} \tag{5.4.4}$$

式中：$\lambda_{\max}$、n 分别为韧性评价指标相对重要性判断矩阵 $\boldsymbol{A}=[a_{ij}]_{n\times n}$ 的最大特征根与阶数。

表 5.4.1　1~9 相对重要性标度值及对应的重要性含义

相对重要度 a_{ij}	标度值对应的重要性含义	相对重要度 a_{ij}	标度值对应的重要性含义
1	指标 x_i 与指标 x_j 同等重要	7	指标 x_i 比指标 x_j 强烈重要
3	指标 x_i 比指标 x_j 稍微重要	9	指标 x_i 比指标 x_j 极其重要
5	指标 x_i 比指标 x_j 明显重要		

为反映梯级坝群系统韧性评价的复杂性，在式（5.4.4）的基础上构造一致性比例指标 CR，其表达式为：

$$CR=CI/RI \tag{5.4.5}$$

式中：RI 为平均随机一致性指标，按照表 5.4.2 查找确定。

表 5.4.2　平均随机一致性指标取值

n	1	2	3	4	5	6	7	8	9
RI	0	0	0.58	0.90	1.12	1.24	1.32	1.41	1.45

当一致性比例指标 CR 小于 0.1 时，认为韧性评价指标相对重要性判断矩阵 $\boldsymbol{A} = [a_{ij}]_{n \times n}$ 满足一致性条件，否则需对 $\boldsymbol{A} = [a_{ij}]_{n \times n}$ 进行调整直至满足一致性比例指标检验条件。

利用经过一致性检验的韧性评价指标相对重要性判断矩阵 $\boldsymbol{A} = [a_{ij}]_{n \times n}$，求得其最大特征向量 $\boldsymbol{u}_i (i = 1, 2, \cdots, n)$，由此得到各韧性评价指标的常权重向量 $\boldsymbol{\omega}_i (i = 1, 2, \cdots, n)$，其表达式为：

$$\boldsymbol{\omega}_i = \frac{\boldsymbol{u}_i}{\sum_{j=1}^{n} u_j} \tag{5.4.6}$$

5.4.1.2　韧性评价状态变权向量 $S_i(x_i)$ 确定方法

对于韧性评价指标状态向量中 $S_i(x_i)$ 而言，其与韧性评价指标值 x_i 呈非线性关系，本节采用指数形式来表示 $S_i(x_i)$ 与 x_i 之间的关系，令 $S(X) = \{S_i(x_i), i = 1, 2, \cdots, n\}$，则 $S(X)$ 中第 i 个变量的表达式为：

$$S_i(x_i) = e^{\alpha x_i} \tag{5.4.7}$$

式中：α 是变权因子；当 α 取值大于零，式（5.4.7）为激励型状态变权，即韧性评价指标值越大，被赋权重越大；反之当 α 取值小于零，式（5.4.7）为惩罚型状态变权，韧性评价指标被赋权重随韧性评价指标值的增加而减小。

梯级坝群系统各韧性评价指标体现整个系统的韧性，若某一韧性评价指标数值越大，则反映该指标对最终系统韧性评价结果的影响越大，对该评价指标应赋予更大的权重。因此，本书在对梯级坝群系统韧性评价时，式（5.4.7）中 α 的取值大于零。

综上，结合 5.4.1.1 节与 5.4.1.2 节结果，利用式（5.4.3），对梯级坝群韧性评价指标进行赋权。

5.4.2　系统韧性评价的集对分析方法

本节在上述研究基础上，进一步研究梯级坝群系统韧性评价方法。传统的系统韧性评价方法在分析指标与指标等级间关系时,仅考虑两者的二元关系属性,不适用于梯级坝群韧性评价这类高度不确定性问题。针对上述问题,本节引入集对分析[207, 208]思想,来刻画韧性评价指标与指标等级的多种联系属性,由此提出梯级坝群系统韧性等级评价方法。在研究过程中,需要解决以下两个问题:一是确定韧性评价指标与指标等级的联系度;二是提出基于联系度的系统韧性评价方法。

5.4.2.1　韧性评价指标与指标等级联系度的确定方法

（1）韧性评价指标与指标等级联系关系分析

令梯级坝群系统中第 i 个韧性评价指标量化结果 X_i 为一个集合,记作 A_i, $A_i = \{X_i\}$（$i = 1, 2, \cdots, N$）,N 为底层韧性评价指标个数。令该韧性评价指标的第 k 级评价等级区间为另一个集合,记作 B_k,以等级区间分界值表征集合区间,即 $B_k = \{\varphi'_{k-1}, \varphi'_k\}$（$k = 1, 2, \cdots, K$）, K 为韧性评价指标等级个数,按五等级标准,K 取为5。由 A_i, B_k 建立一组集对,记作 $H(A_i, B_k)$。

按传统集对分析方法的原理,集对的联系关系分为三种:若 X_i 位于 $\varphi'_{k-1} \sim \varphi'_k$ 范围内,则集合 A_i 与 B_k 是同一关系;若 X_i 位于与 $\varphi'_{k-1} \sim \varphi'_k$ 相邻的韧性评价指标等级区间中,则集合 A_i 与 B_k 是差异关系;若 X_i 位于与 $\varphi'_{k-1} \sim \varphi'_k$ 相隔的韧性评价指标等级区间中,则集合 A_i 与 B_k 是对立关系。

图5.4.1给出了传统集对分析方法中,韧性评价指标量化结果 X_i 在不同取值下与韧性评价指标等级区间的三种联系关系。由图5.4.1可以看出,X_i 的取值在 $[\varphi'_1, \varphi'_2)$ 与在 $[\varphi'_3, \varphi'_4)$ 区间时,所反映的集对联系关系是相同的,也就是说,当 X_i 属于不同的相邻或相隔的韧性评价指标等级区间,传统集对分析方法难以区分 X_i 与不同韧性评价指标等级间联系关系的差异。

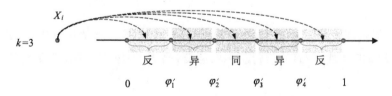

图5.4.1　传统集对分析三元联系关系示意图

针对上述问题,本节采用五元联系关系分析方法,刻画韧性评价指标量化结果与韧性评价指标等级区间的联系关系,图5.4.2给出了梯级坝群系统韧性评

价指标集合 $A_i(i=1, 2, \cdots, N)$ 在不同取值下，与韧性评价等级区间集合 $B_k(k=1, 2, \cdots, 5)$ 五元联系关系的示意图。根据图 5.4.2，以越小越优型指标为例，对 A_i 与 B_k 之间的联系关系做分析。

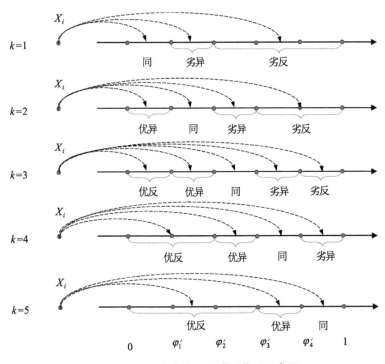

图 5.4.2　两集合的五元联系关系示意图

① 如果 X_i 位于 $[\varphi'_{k-1}, \varphi'_k)$ 区间内，表示集合 A_i 与 B_k 是同一关系。

② 如果 X_i 位于与 $[\varphi'_{k-1}, \varphi'_k)$ 相邻的韧性评价指标等级区间中，并且 $X_i < \varphi'_{k-1}$，则表明集合 A_i 与 B_k 是优异关系；相反，当 $X_i > \varphi'_k$，则认为集合 A_i 与 B_k 是劣异关系。

③ 如果 X_i 位于与 $[\varphi'_{k-1}, \varphi'_k)$ 相隔的韧性评价指标等级区间中，并且 $X_i < \varphi'_{k-2}$，认为集合 A_i 与 B_k 是优反关系；相反，当 $X_i > \varphi'_{k+1}$，则认为集合 A_i 与 B_k 是劣反关系。

（2）韧性评价指标与指标等级间联系度的构建与量化方法

在上述集合 A_i 与 B_k 间五元联系关系研究的基础上，引入集对联系度的概念，本节构造表征集合 A_i 与 B_k 五元联系关系的联系度，记作 $\mu_{A_i \sim B_k}$，其表达形式为：

$$\mu_{A_i \sim B_k} = a + b_1 i^+ + b_2 i^- + c_1 j^+ + c_2 j^- \tag{5.4.8}$$

式中：a, b_1, b_2, c_1, c_2 为联系度分项系数，分别表征集合 A_i 与 B_k 之间同一、优异、劣异、优反、劣反联系的程度；分项系数间需满足归一化条件，即 $a + b_1 + b_2 + c_1 + c_2 = 1$；$i^+$，$i^-$ 分别为优异、劣异标记符；j^+，j^- 分别为优反、劣反标记符。

为量化联系度中各分项系数，采用距离贴近度方法，通过考察集合 A_i 与 B_k 中元素 X_i 与 $\{\varphi_{k-1}', \varphi_k'\}$ 的距离，及其所反映出的各联系度间的关系，来确定韧性评价指标量化结果集合 A_i 与韧性评价等级区间集合 $B_k (k = 1, 2, \cdots, 5)$ 间的联系度函数 $\mu_{A_i \sim B_k} (k = 1, 2, \cdots, 5)$。

基于距离贴近度思想，以越小越优型指标为例，若韧性评价指标量化结果 X_i 处于韧性评价等级区间 $[\varphi_{k-1}', \varphi_k')$ 中，即 $X_i \in [\varphi_{k-1}', \varphi_k')$，则 $a = 1$，其他联系度分项系数 b_1, b_2, c_1, c_2 均为 0，由此得到 A_i 与 B_k 间的联系度函数 $\mu_{A_i \sim B_k}$ 表达式为：

$$\mu_{A_i \sim B_k} = 1 \tag{5.4.9}$$

若 X_i 处于 $[\varphi_{k-1}', \varphi_k')$ 相邻等级区间中，且在优异一边，即 $X_i \in [\varphi_{k-2}', \varphi_{k-1}')$，则越靠近韧性评价等级分界值 φ_{k-1}'，a 越大，b_1 越小；反之，a 越小，b_1 越大；其他联系度分项系数 b_2, c_1, c_2 均为 0。为保证联系度函数 $\mu_{A_i \sim B_k}$ 的连续性，$\mu_{A_i \sim B_k}$ 还需满足 $X_i = \varphi_{k-1}'$ 时，$a = 1$，$b_1 = 0$。为描述上述特征，则 A_i 与 B_k 间的联系度函数 $\mu_{A_i \sim B_k}$ 表达式为：

$$\mu_{A_i \sim B_k} = \frac{\varphi_k' - \varphi_{k-1}'}{\varphi_k' - X_i} + \frac{\varphi_{k-1}' - X_i}{\varphi_k' - X_i} i^+ \tag{5.4.10}$$

与式 (5.4.10) 的分析过程相似，若 X_i 处于 $[\varphi_{k-1}', \varphi_k')$ 相邻等级区间中，且在劣异一边，即 $X_i \in [\varphi_k', \varphi_{k+1}')$，则 A_i 与 B_k 间的联系度函数 $\mu_{A_i \sim B_k}$ 表达式为：

$$\mu_{A_i \sim B_k} = \frac{\varphi_k' - \varphi_{k-1}'}{X_i - \varphi_{k-1}'} + \frac{X_i - \varphi_k'}{X_i - \varphi_{k-1}'} i^- \tag{5.4.11}$$

若 X_i 处于 $[\varphi_{k-1}', \varphi_k')$ 相隔等级区间中，且在优反一边，即 $X_i \in [0, \varphi_{k-2}')$，则越靠近韧性评价等级分界值 φ_{k-2}'，a，b_1 越大，c_1 越小；反之，a, b_1 越小，c_1 越大；其他联系度分项系数 b_2, c_2 均为 0，此时，$\mu_{A_i \sim B_k}$ 的连续性条件应为 $X_i = \varphi_{k-2}'$ 时，$c_1 = 0$；若 X_i 在劣反一边，即 $X_i \in [\varphi_{k+1}', 1]$，各分项系数变化规律与

优反关系相似,此时,应满足 $X_i = \varphi'_{k+1}$ 时,$c_1 = 0$。 为描述上述特征,则 A_i 与 B_k 间的联系度函数 $\mu_{A_i \sim B_k}$ 表达式分别为:

$$\mu_{A_i \sim B_k} = \frac{\varphi'_k - \varphi'_{k-1}}{\varphi'_k - X_i} + \frac{\varphi'_{k-1} - \varphi'_{k-2}}{\varphi'_k - X_i}i^+ + \frac{\varphi'_{k-2} - X_i}{\varphi'_k - X_i}j^+ \qquad (5.4.12)$$

$$\mu_{A_i \sim B_k} = \frac{\varphi'_k - \varphi'_{k-1}}{X_i - \varphi'_{k-1}} + \frac{\varphi'_{k+1} - \varphi'_k}{X_i - \varphi'_{k-1}}i^- + \frac{X_i - \varphi'_{k+1}}{X_i - \varphi'_{k-1}}j^- \qquad (5.4.13)$$

根据 k 的实际取值情况,由式(5.4.9)至式(5.4.13)的分析过程,得到韧性评价指标量化结果集合 A_i 与韧性评价等级区间集合 $B_k(k=1, 2, \cdots, 5)$ 的联系度表达式分别为:

$$\mu_{A_i \sim B_1} = \begin{cases} 1 & [0, \varphi'_1) \\ \dfrac{\varphi'_1}{X_i} + \dfrac{X_i - \varphi'_1}{X_i}i^- & [\varphi'_1, \varphi'_2) \\ \dfrac{\varphi'_1}{X_i} + \dfrac{\varphi'_2 - \varphi'_1}{X_i}i^- + \dfrac{X_i - \varphi'_2}{X_i}j^- & [\varphi'_2, 1] \end{cases} \qquad (5.4.14)$$

$$\mu_{A_i \sim B_2} = \begin{cases} \dfrac{\varphi'_2 - \varphi'_1}{\varphi'_2 - X_i} + \dfrac{\varphi'_1 - X_i}{\varphi'_2 - X_i}i^+ & [0, \varphi'_1) \\ 1 & [\varphi'_1, \varphi'_2) \\ \dfrac{\varphi'_2 - \varphi'_1}{X_i - \varphi'_1} + \dfrac{X_i - \varphi'_2}{X_i - \varphi'_1}i^- & [\varphi'_2, \varphi'_3) \\ \dfrac{\varphi'_2 - \varphi'_1}{X_i - \varphi'_1} + \dfrac{\varphi'_3 - \varphi'_2}{X_i - \varphi'_1}i^- + \dfrac{X_i - \varphi'_3}{X_i - \varphi'_1}j^- & [\varphi'_3, 1] \end{cases} \qquad (5.4.15)$$

$$\mu_{A_i \sim B_3} = \begin{cases} \dfrac{\varphi'_3 - \varphi'_2}{\varphi'_3 - X_i} + \dfrac{\varphi'_2 - \varphi'_1}{\varphi'_3 - X_i}i^+ + \dfrac{\varphi'_1 - X_i}{\varphi'_3 - X_i}j^+ & [0, \varphi'_1) \\ \dfrac{\varphi'_3 - \varphi'_2}{\varphi'_3 - X_i} + \dfrac{\varphi'_2 - X_i}{\varphi'_3 - X_i}i^+ & [\varphi'_1, \varphi'_2) \\ 1 & [\varphi'_2, \varphi'_3) \\ \dfrac{\varphi'_3 - \varphi'_2}{X_i - \varphi'_2} + \dfrac{X_i - \varphi'_3}{X_i - \varphi'_2}i^- & [\varphi'_3, \varphi'_4) \\ \dfrac{\varphi'_3 - \varphi'_2}{X_i - \varphi'_2} + \dfrac{\varphi'_4 - \varphi'_3}{X_i - \varphi'_2}i^- + \dfrac{X_i - \varphi'_4}{X_i - \varphi'_2}j^- & [\varphi'_4, 1] \end{cases} \qquad (5.4.16)$$

$$\mu_{A_i \sim B_4} = \begin{cases} \dfrac{\varphi_4' - \varphi_3'}{\varphi_4' - X_i} + \dfrac{\varphi_3' - \varphi_2'}{\varphi_4' - X_i}i^+ + \dfrac{\varphi_2' - X_i}{\varphi_4' - X_i}j^+ & [0, \varphi_2') \\[3mm] \dfrac{\varphi_4' - \varphi_3'}{\varphi_4' - X_i} + \dfrac{\varphi_3' - X_i}{\varphi_4' - X_i}i^+ & [\varphi_2', \varphi_3') \\[3mm] 1 & [\varphi_3', \varphi_4') \\[3mm] \dfrac{\varphi_4' - \varphi_3'}{X_i - \varphi_3'} + \dfrac{X_i - \varphi_4'}{X_i - \varphi_3'}i^- & [\varphi_4', 1] \end{cases} \tag{5.4.17}$$

$$\mu_{A_i \sim B_5} = \begin{cases} \dfrac{1 - \varphi_4'}{1 - X_i} + \dfrac{\varphi_4' - \varphi_3'}{1 - X_i}i^+ + \dfrac{\varphi_3' - X_i}{1 - X_i}j^+ & [0, \varphi_3') \\[3mm] \dfrac{1 - \varphi_4'}{1 - X_i} + \dfrac{\varphi_4' - X_i}{1 - X_i}i^+ & [\varphi_3', \varphi_4') \\[3mm] 1 & [\varphi_4', 1] \end{cases} \tag{5.4.18}$$

式(5.4.14)至式(5.4.18)中，X_i 为第 i 个韧性评价指标量化结果；$\varphi_1' \sim \varphi_4'$ 分别为对应于 X_i 的指标等级区间分界值。

由 5.2.2 节与 5.3 节中方法得到的韧性指标量化结果，以及相对应的指标等级区间分界值，利用式(5.4.14)～式(5.4.18)，可确定底层指标 $X_{3-1} \sim X_{3-8}$ 与其对应的五等级区间的联系度。下面进一步研究基于集对联系度的系统韧性评价方法。

5.4.2.2　基于集对联系度的系统韧性评价方法

梯级坝群系统韧性评价中，令各级指标与对应的评价等级区间的联系度为 $\mu_{A_i \sim B_k}^j$，j 为指标所在层数，i 为指标序号，k 为评价等级区间序号。根据集对分析方法思想，梯级坝群系统韧性评价等级应由一级指标 X_{1-1} 与系统韧性等级区间联系度的结果 $\mu_{A_1 \sim B_k}^1 (k=1, 2, \cdots, 5)$ 确定，为综合反映一级指标 X_{1-1} 量化结果与系统各韧性评价等级区间的联系程度，构造集对同-反联系关系势函数 $u_k(\mu_{A_1 \sim B_k}^1)$，其表达式为：

$$u_k(\mu_{A_1 \sim B_k}^1) = \frac{e^a}{e^{c_1 + c_2}} \quad k = 1, 2, \cdots, 5 \tag{5.4.19}$$

式中：a 为联系度 $\mu_{A_1 \sim B_k}^1$ 中同一度分项系数；c_1, c_2 分别为联系度 $\mu_{A_1 \sim B_k}^1$ 中优反度、劣反度分项系数。

通常而言,式(5.4.19)所得 $u_k(\mu^1_{A_1\sim B_k})$ 结果越大,联系度 $\mu^1_{A_1\sim B_k}$ 所反映的同一联系程度越高,可将 $u_k(\mu^1_{A_1\sim B_k})$ 作为梯级坝群韧性评价依据。但在实际应用中,存在多个集对势函数结果相近的情况,此时无法直接根据式(5.4.19)的结果确定系统韧性评价等级。为解决上述问题,本节构造同-优异联系关系势函数与优异-劣异联系关系势函数,分别记作 $u'_k(\mu^1_{A_1\sim B_k})$ 与 $u''_k(\mu^1_{A_1\sim B_k})$,作为流域梯级坝群韧性评价的补充评价依据,其表达式分别为:

$$u'_k(\mu^1_{A_1\sim B_k}) = \frac{\mathrm{e}^a}{\mathrm{e}^{b_1}} \quad k=1,2,\cdots,5 \tag{5.4.20}$$

$$u''_k(\mu^1_{A_1\sim B_k}) = \frac{\mathrm{e}^{b_1}}{\mathrm{e}^{b_2}} \quad k=1,2,\cdots,5 \tag{5.4.21}$$

式中:a 的含义同式(5.4.19);b_1,b_2 分别为联系度 $\mu^1_{A_1\sim B_k}$ 中优异度、劣异度分项系数。其中,$u'_k(\mu^1_{A_1\sim B_k})$ 的结果越大,联系度 $\mu^1_{A_1\sim B_k}$ 所反映的同一联系程度越高,优异联系程度越低;$u''_k(\mu^1_{A_1\sim B_k})$ 的结果越大,表明联系度 $\mu^1_{A_1\sim B_k}$ 所反映的优异联系程度相较于劣异联系程度高。

综合 $u_k(\mu^1_{A_1\sim B_k})$,$u'_k(\mu^1_{A_1\sim B_k})$ 与 $u''_k(\mu^1_{A_1\sim B_k})$ 的结果,利用最大势函数评价思想,梯级坝群系统韧性评价流程如图5.4.3所示,具体实现过程如下。

步骤1:分别计算 $u_k(\mu^1_{A_1\sim B_k})$,$u'_k(\mu^1_{A_1\sim B_k})$ 与 $u''_k(\mu^1_{A_1\sim B_k})$($k=1,2,\cdots,$ 5),按照 $u_k(\mu^1_{A_1\sim B_k})$ 结果降序排列,将排在前两位的 $u_k(\mu^1_{A_1\sim B_k})$ 结果分别记为 $u_{k,1}$,$u_{k,2}$,令 ψ 为 $u_{k,1}$ 与 $u_{k,2}$ 的接近程度系数,其表达式为:

$$\psi = \frac{u_{k,1} - u_{k,2}}{u_{k,1}} \tag{5.4.22}$$

参照式(5.4.22),计算得到 $u'_{k,1}$ 与 $u'_{k,2}$ 的接近程度系数 ψ'。

步骤2:根据接近程度系数结果,选择韧性等级评价依据,确定梯级坝群韧性评价等级结果。当 $\psi > 0.05$ 时,根据 $u_{k,1}$,$u_{k,2}$ 确定梯级坝群韧性评价等级结果 k_0,其表达式为:

$$k_0 = \{k \mid \max(u_{k,1},u_{k,2})\} \tag{5.4.23}$$

否则,判断 ψ' 是否大于0.05,当 $\psi' > 0.05$ 时,以 $u'_{k,1}$,$u'_{k,2}$ 为评价依据,梯

级坝群韧性评价等级结果 k_0 的表达式为：

$$k_0 = \{k \mid \max(u'_{k,1}, u'_{k,2})\} \qquad (5.4.24)$$

否则，由 $u''_{k,1}$，$u''_{k,2}$ 得出梯级坝群韧性评价等级结果 k_0，其表达式为：

$$k_0 = \{k \mid \max(u''_{k,1}, u''_{k,2})\} \qquad (5.4.25)$$

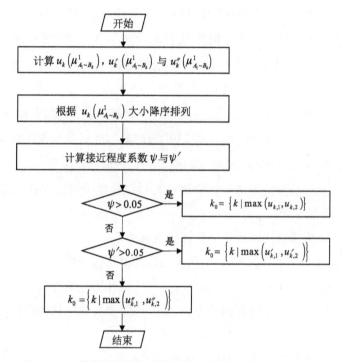

图 5.4.3　基于势函数结果的梯级坝群系统韧性评价流程图

在综合分析一级指标 X_{1-1} 与系统韧性评价等级区间联系度 $\mu^1_{A_1 \sim B_k}$ 所反映的联系关系前，需解决联系度 $\mu^1_{A_1 \sim B_k}$ 的确定问题。针对上述问题，本节采用层次融合方法，由 5.4.2.1 节方法确定的三级指标联系度结果，结合 5.4.1 节方法拟定的各指标权重，逐层向上计算确定 $\mu^1_{A_1 \sim B_k}$，具体实现流程如下。

（1）确定二级指标联系度 $\mu^2_{A_i \sim B_k}$（$i = 1, 2, 3; k = 1, 2, \cdots, 5$）。由图 5.2.1 所示的系统韧性评价指标间的对应关系，以二级指标 X_{2-1} 的联系度 $\mu^2_{A_1 \sim B_k}$（$k = 1, 2, \cdots, 5$）为例进行计算，在融合过程中，考虑与 X_{2-1} 对应的各三级指标联系度的贡献度，则 $\mu^2_{A_1 \sim B_k}$ 的计算表达式为：

$$\mu_{A_1 \sim B_k}^2 = \boldsymbol{\mu}(\boldsymbol{W'})^{\mathrm{T}} \tag{5.4.26}$$

式中：$\boldsymbol{\mu}$ 为指标 X_{3-1}，X_{3-2} 与各对应等级划分区间联系度结果组成的联系度矩阵，$\boldsymbol{\mu} = [\mu_{ij}]_{5\times2}$；$\boldsymbol{W'}$ 为指标变权重向量，$\boldsymbol{W'} = [\omega_{ij}]_{1\times2}$，分别表征指标 X_{3-1}，X_{3-2} 联系度对指标 X_{2-1} 联系度的贡献程度，由 5.4.1 节中指标赋权方法确定。

同理，根据图 5.2.1 中韧性评价指标对应关系，参考式（5.4.26），$\mu_{A_2\sim B_k}^2$ 由 $\mu_{A_3\sim B_k}^3$，$\mu_{A_4\sim B_k}^3$ 组成的联系度矩阵及指标 X_{3-3}，X_{3-4} 的变权重向量确定，$\mu_{A_3\sim B_k}^2$ 由指标 X_{3-5}，X_{3-6}，X_{3-7}，X_{3-8} 对应的变权重向量及相应的 $\mu_{A_i\sim B_k}^3$（$i=5,6,\cdots,8$）组成的联系度矩阵确定。

（2）确定一级指标联系度 $\mu_{A_1\sim B_k}^1$。根据求得的二级指标 $X_{2-1}\sim X_{2-3}$ 联系度 $\mu_{A_i\sim B_k}^2$（$i=1,2,3$；$k=1,2,\cdots,5$）构成的联系度矩阵及指标对应的变权重向量，参照式（5.4.26），计算确定一级指标 X_{1-1} 的联系度 $\mu_{A_1\sim B_k}^1$。

综上，基于集对分析方法评价梯级坝群系统韧性等级的流程如图 5.4.4 所示，具体实现步骤如下。

步骤 1：构建梯级坝群系统韧性评价指标体系。

步骤 2：由 5.2.2 节的方法，量化各韧性评价指标结果。

步骤 3：利用 5.3 节的方法，划分非等间距韧性指标的等级。

步骤 4：根据 5.4.1 节提出的方法，建立梯级坝群系统韧性评价指标变权重向量。

步骤 5：基于集对分析方法，计算底层各指标 $X_{3-1}\sim X_{3-8}$ 与其对应的等级划分区间 B_k（$k=1,2,\cdots,5$）间的联系度 $\mu_{A_i\sim B_k}^3$（$i=1,2,\cdots,8$；$k=1,2,\cdots,5$）。

步骤 6：根据系统韧性评价指标体系，结合 5.4.1 节梯级坝群系统韧性评价指标变权向量，利用层次融合方法，由三级指标联系度 $\mu_{A_i\sim B_k}^3$ 得到梯级坝群系统韧性评价一级指标与系统韧性评价等级间的联系度结果 $\mu_{A_1\sim B_k}^1$（$k=1,2,\cdots,5$）。

步骤 7：基于集对联系度 $\mu_{A_1\sim B_k}^1$，综合分析集对关系势函数 $u_k(\mu_{A_1\sim B_k}^1)$、$u'_k(\mu_{A_1\sim B_k}^1)$ 与 $u''_k(\mu_{A_1\sim B_k}^1)$ 的计算结果，确定本次梯级坝群系统韧性评价等级。

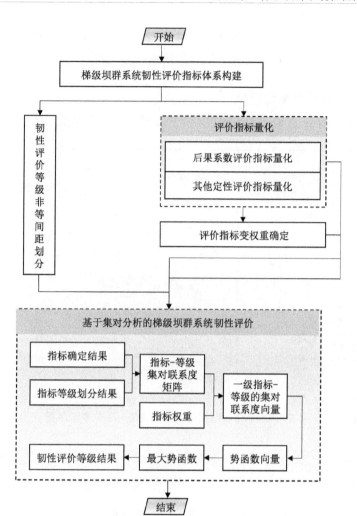

图 5.4.4　梯级坝群系统韧性评价等级确定流程图

5.5　工程实例

本节仍以本书 3.5 节中的 Y 江流域梯级坝群为例,依据图 5.2.1 所示的梯级坝群系统韧性评价指标体系,评估系统韧性等级。

5.5.1　梯级坝群系统韧性评价指标量化

根据第三、四章的研究成果,确定了梯级坝群超出极限状态风险率 X_{3-1} 与

实时风险率 $X_{3\sim4}$ 结果。本节基于工程文件、地域规划文件、当地统计年鉴等资料,进一步确定其余梯级坝群系统韧性评价指标量化值。

5.5.1.1 后果系数量化结果

图 5.5.1 给出了 Y 江流域梯级坝群系统受危害性风险影响范围。

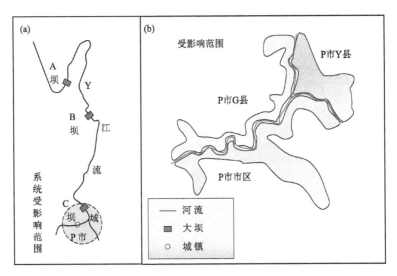

图 5.5.1 Y 江流域梯级坝群系统受影响范围示意图

Y 江流域研究区域中重要城镇分布在 C 坝下游 P 市,P 市是 S 省地级市,总面积约 355.13 km²,表 5.5.1 给出了 2014 年 P 市基本情况信息。

表 5.5.1 2014 年 P 市人口、经济等方面基本情况

行政级别	人口数(万)	各行业年产值(亿元)	基础设施	文物古迹、艺术珍品	稀有动植物
地级市	111.88	870.85	省级交通枢纽	省级生态旅游区、省级风景名胜区	国家级保护动植物

为表征 Y 江流域梯级坝群遭遇危害性风险产生的后果,需估算坝群受危害性风险影响范围内各类损失。参照文献[209],Y 江流域梯级坝群发生连溃后,洪水约 2 小时 15 分钟后到达 P 市,淹没总面积约为 71.7 km²,洪水在影响范围内的平均流速约为 2.1 m/s。结合表 5.2.4,风险人口死亡率 f 应取为 0.015,危害性风险影响范围内风险人口约为 22.37 万人,生命损失估计值为 3 356 人,经济损失估计值为 14.29 亿元。参照文献[204],依据表 5.5.1 中 P 市各类基本情

况,式(5.2.10)中各系数取值分别为 $N=2.7$、$C=3.0$、$I=1.7$、$h=1.7$、$R=2.5$、$l=1.7$、$L=1.5$、$P=1.8$,社会环境损失估算值为 268.62。

基于层次分析法,确定式(5.2.1)中各损失权重系数,结果分别为 0.637、0.105 与 0.258。由参考文献[201]得,式(5.2.2)~式(5.2.4)中参数取值为 $a_1=0.123$、$b_1=5.294$、$a_2=0.042$、$b_2=5.537$,综合各类损失严重性系数与相应权重结果,进一步确定梯级坝群系统后果系数指标结果 $L=0.899$,上述估算过程结果见表 5.5.2。

表 5.5.2 后果系数估算过程结果

参数	损失后果估算值	参数	严重性系数	参数	权重	后果系数 X_{3-2}
S_L	3 356 人	S_1	1.0	W_1	0.637	
S_{Total}	14.29 亿元	S_2	1.0	W_2	0.105	0.899
S_{SE}	268.62	S_3	0.607	W_3	0.258	

5.5.1.2 其他定性指标结果

为确定韧性评价定性指标 X_{3-3},X_{3-5} 至 X_{3-8},由三位专家根据式(5.2.11)至式(5.2.13)给出相应各定性指标结果,分别记为 $h_\xi^{1,i}$,$h_\xi^{2,i}$,$h_\xi^{3,i}$,各定性指标结果如表 5.5.3 所示。

表 5.5.3 梯级坝群系统各定性韧性评价指标值

定性指标值	X_{3-3}	X_{3-5}	X_{3-6}	X_{3-7}	X_{3-8}
$h_\xi^{1,i}$	(0.3, 0.4)	(0.5, 0.6)	(0.5, 0.6)	(0.4, 0.5)	(0.5, 0.6)
$h_\xi^{2,i}$	(0.3, 0.4, 0.5)	(0.5, 0.6)	(0.6, 0.7)	(0.3, 0.4)	(0.5, 0.6)
$h_\xi^{3,i}$	(0.3, 0.4)	(0.4, 0.5)	(0.5, 0.6, 0.7)	(0.3, 0.4, 0.5)	(0.5, 0.7)

考虑到不同专家给出定性指标结果存在主观性,需对表 5.5.3 中各定性评价结果赋权,由 5.2.2.2 节中基于评价结果相似性度量的赋权思想,利用式(5.2.14)至式(5.2.18),计算韧性评价定性指标间犹豫模糊欧式距离,并由此构造韧性评价定性指标结果的相似度矩阵 S,结果如下:

$$S = \begin{bmatrix} 1 & 0.867 & 0.854 \\ 0.867 & 1 & 0.891 \\ 0.854 & 0.891 & 1 \end{bmatrix} \tag{5.5.1}$$

基于相似度矩阵 $\boldsymbol{S}$ 的结果,根据式(5.2.19)至式(5.2.20),计算得出三位专家给出的韧性评价定性指标结果权重,分别为 0.329、0.337 与 0.334。结合表 5.5.3 中各专家给出的韧性评价定性指标结果,依据式(5.2.21),得到综合专家意见的韧性评价定性指标 X_{3-3},$X_{3-5} \sim X_{3-8}$ 的结果为:

$$H_{\xi}^{*} = \{\langle X_{3-3}, 0.362\rangle, \langle X_{3-5}, 0.536\rangle, \langle X_{3-6}, 0.561\rangle,$$
$$\langle X_{3-7}, 0.419\rangle, \langle X_{3-8}, 0.559\rangle\} \tag{5.5.2}$$

5.5.2 梯级坝群系统韧性评价指标等级划分

梯级坝群系统韧性评价等级划分包括韧性评价指标等级划分和系统韧性等级划分。下面以韧性评价指标等级划分为例,说明确定过程。根据 5.3 节中方法,韧性评价指标等级划分的关键是确定韧性评价指标等级分界值修正系数 $\alpha_i (i=1, 2, \cdots, 4)$。设式(5.3.1)中修正系数 $\alpha_i (i=1, 2, \cdots, 4)$ 的可能取值集合为 Θ,$\Theta = \{0, 0.1, 0.2, 0.3, 0.4, 0.5, 0.6, 0.7, 0.8, 0.9, 1.0\}$,为确定修正系数 α_i 的结果,由三位专家给出关于修正系数 α_i 可能取值的基本概率分配函数 m_1,m_2,m_3,图 5.5.2 给出了基本概率分配函数 m_1,m_2,m_3 中可信概率分布结果。

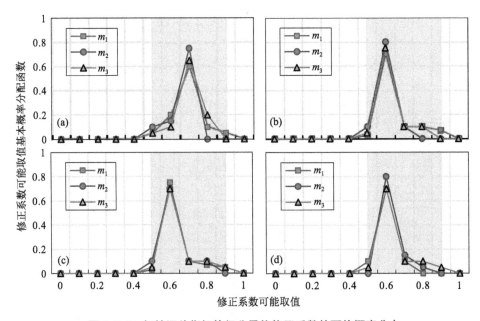

图 5.5.2 韧性评价指标等级分界值修正系数的可信概率分布

为综合考虑图 5.5.2 所示的由不同专家给出的各修正系数可信概率分布，根据式(5.3.5)至式(5.3.7)，计算得到各修正系数可信概率分布的冲突系数平均值 k 与可信度 ε 结果，见表 5.5.4，在 k，ε 结果基础上，由式(5.3.8)计算得到基本概率分配函数 m，见表 5.5.4。

表 5.5.4　可信概率分布的冲突系数平均值、可信度及基本概率分配函数结果

修正系数	k	ε	m										
			0	0.1	0.2	0.3	0.4	0.5	0.6	0.7	0.8	0.9	1.0
α_1	0.296	0.744	0	0	0	0	0	0.043	0.100	0.783	0.064	0.043	0
α_2	0.421	0.656	0	0	0	0	0	0.029	0.880	0.049	0.032	0.029	0
α_3	0.369	0.691	0	0	0	0	0	0.033	0.844	0.055	0.050	0.033	0
α_4	0.394	0.674	0	0	0	0	0	0.025	0.862	0.061	0.043	0.025	0

基于各修正系数 $\alpha_i(i=1,2,\cdots,4)$ 的基本概率分配结果，根据式(5.3.9)，得到梯级坝群系统各韧性评价指标等级分界值 $\varphi'_1 \sim \varphi'_4$ 分别为 0.35，0.54，0.74，0.93。同理，参照上述流程求得系统韧性评价等级 I～V 的分界值，分别为 0.25，0.44，0.65，0.84。

5.5.3　梯级坝群系统韧性等级评价

结合 5.5.1 节中韧性评价指标结果与 5.5.2 节中韧性评价指标等级划分结果，本节基于变权赋权方法确定各韧性评价指标的权重，并由此进一步研究梯级坝群系统的韧性等级。

5.5.3.1　韧性评价指标权重确定

根据 5.4.1 节中变权重赋权方法，构建韧性评价指标变权重向量 $W'(X)$，计算 $W'(X)$ 前需先确定常权重向量 W，下面以第二层韧性评价指标，抵抗性 X_{2-1}、应对性 X_{2-2} 与恢复性 X_{2-3} 指标为例，采用层次分析法计算得到韧性评价指标间常权重。依据表 5.4.1，由坝工专家给出韧性评价指标 X_{2-1}，X_{2-2}，X_{2-3} 的相对重要度，由此构造重要性判断矩阵 $A=[a_{ij}]_{3\times3}$ 为：

$$A = \begin{matrix} & X_{2-1} & X_{2-2} & X_{2-3} \\ X_{2-1} & 1 & 1/3 & 2 \\ X_{2-2} & 3 & 1 & 3 \\ X_{2-3} & 1/2 & 1/3 & 1 \end{matrix} \quad (5.5.3)$$

经一致性检验,式(5.5.3)所示的韧性评价指标相对重要性判断矩阵的一致性比例指标结果 $CR=0.046<0.1$,满足一致性检验要求。利用式(5.5.3),得到重要性判断矩阵的最大特征向量 $\boldsymbol{u}_i$ 为 $(0.376,0.896,0.237)^{\mathrm{T}}$,根据式(5.4.6),确定韧性评价指标 X_{2-1},X_{2-2},X_{2-3} 的常权重向量 $\boldsymbol{W}$ 为 $(0.249,0.594,0.157)^{\mathrm{T}}$。

为确定韧性评价指标的变权重,将变权因子 α 取为1,依据式(5.4.7),计算韧性评价指标 X_{2-1},X_{2-2},X_{2-3} 的状态变权向量结果 $\boldsymbol{S}(\boldsymbol{X})$ 为 $(0.238,0.356,0.406)^{\mathrm{T}}$,结合韧性评价指标 X_{2-1},X_{2-2},X_{2-3} 的常权重量结果,由式(5.4.3),计算得到韧性评价指标 X_{2-1},X_{2-2},X_{2-3} 的变权重向量 $\boldsymbol{W}'(\boldsymbol{X})$ 为 $(0.177,0.632,0.191)^{\mathrm{T}}$。参照上述过程,得到坝群系统韧性评价指标体系中各指标的变权重结果,见表5.5.5。

表 5.5.5　梯级坝群系统韧性评价指标的权重结果

一级指标	二级指标	三级指标
梯级坝群系统韧性评价指标	抵抗性(0.177)	梯级坝群超出极限状态风险率(0.517)
		后果系数(0.483)
	应对性(0.632)	系统结构应对能力系数(0.428)
		梯级坝群实时风险率(0.572)
	恢复性(0.191)	指挥调度专业性(0.241)
		救援队伍专业性(0.269)
		应急预案启动时间(0.235)
		队伍灾后重建能力(0.255)

5.5.3.2　韧性等级评价结果

根据5.4.2节中韧性评价方法,确定指标与指标等级之间的联系度是韧性等级评价的前提,结合梯级坝群系统底层韧性评价指标 $X_{3-i}(i=1,2,\cdots,8)$ 与对应的等级区间 $\varphi'_{k-1}\sim\varphi'_{k}(k=1,2,\cdots,5)$,利用5.4.2.1节中的联系度确定表达式,计算梯级坝群系统韧性评价三级指标联系度 $\mu^3_{A_i\sim B_k}(i=1,2,\cdots,8;k=1,2,\cdots,5)$,结果见表5.5.6。

表 5.5.6　梯级坝群系统韧性评价三级指标联系度计算结果

三级指标 X_{3-i}	联系度 $\mu^3_{A_i \sim B_k}$
梯级坝群超出极限 状态风险率 X_{3-1}	$\begin{bmatrix} 0.912+0i^++0.088i^-+0j^++0j^- \\ 1+0i^++0i^--0j^++0j^- \\ 0.545+0i^++0.455i^-+0j^++0j^- \\ 0.341+0.359i^++0i^-+0.300j^++0j^- \\ 0.112+0.303i^++0i^-+0.585j^++0j^- \end{bmatrix}$
后果系数 X_{3-2}	$\begin{bmatrix} 0.389+0i^++0.229i^-+0j^++0.381j^- \\ 0.375+0i^++0.375i^-+0j^++0.250j^- \\ 0.601+0i^++0.399i^-+0j^++0j^- \\ 1+0i^++0i^--0j^++0j^- \\ 0.551+0.449i^++0i^-+0j^++0j^- \end{bmatrix}$
系统结构应对 能力系数 X_{3-3}	$\begin{bmatrix} 0.939+0i^++0.061i^-+0j^++0j^- \\ 1+0i^++0i^--0j^++0j^- \\ 0.529+0i^++0.471i^-+0j^++0j^- \\ 0.335+0.352i^++0i^-+0.313j^++0j^- \\ 0.110+0.298i^++0i^-+0.592j^++0j^- \end{bmatrix}$
梯级坝群实时 风险率 X_{3-4}	$\begin{bmatrix} 1+0i^++0i^--0j^++0j^- \\ 0.803+0.197i^++0i^-+0j^++0j^- \\ 0.445+0.109i^++0i^-+0j^++0j^- \\ 0.297+0.313i^++0i^-+0.390j^++0j^- \\ 0.099+0.268i^++0i^-+0.633j^++0j^- \end{bmatrix}$
指挥调度 专业性 X_{3-5}	$\begin{bmatrix} 0.634+0i^++0.366i^-+0j^++0j^- \\ 1+0i^++0i^--0j^++0j^- \\ 0.980+0i^++0.020i^-+0j^++0j^- \\ 0.482+0.508i^++0i^-+0.010j^++0j^- \\ 0.151+0.409i^++0i^-+0.440j^++0j^- \end{bmatrix}$
救援队伍 专业性 X_{3-6}	$\begin{bmatrix} 0.606+0i^++0.357i^-+0j^++0.037j^- \\ 0.905+0i^++0.095i^-+0j^++0j^- \\ 1+0i^++0i^--0j^++0j^- \\ 0.515+0.485i^++0i^-+0j^++0j^- \\ 0.159+0.433i^++0i^-+0.408j^++0j^- \end{bmatrix}$
应急预案 启动时间 X_{3-7}	$\begin{bmatrix} 0.811+0i^++0.189i^-+0j^++0j^- \\ 1+0i^++0i^--0j^++0j^- \\ 0.623+0i^++0.377i^-+0j^++0j^- \\ 0.372+0.391i^++0i^-+0.237j^++0j^- \\ 0.120+0.327i^++0i^-+0.552j^++0j^- \end{bmatrix}$

三级指标 X_{3-i}	联系度 $\mu^3_{A_i \sim B_k}$
队伍灾后 重建能力 X_{3-8}	$\begin{bmatrix} 0.608+0i^++0.358i^-+0j^++0.034j^- \\ 0.913+0i^++0.087i^-+0j^++0j^- \\ 1+0i^++0i^-+0j^++0j^- \\ 0.512+0.488i^++0i^-+0j^++0j^- \\ 0.159+0.431i^++0i^-+0.410j^++0j^- \end{bmatrix}$

基于表 5.5.6 中结果，利用表 5.5.5 所得系统韧性评价指标间的权重，根据 5.4.2 节中联系度层次融合过程，得到一级指标 X_{1-1} 联系度 $\mu^1_{A_1 \sim B_k}(k=1,2,\cdots,5)$ 为：

$$\mu^1_{A_1 \sim B_k} = \begin{bmatrix} 0.796+0i^++0.148i^-+0j^++0.056j^- \\ 0.854+0.049i^++0.064i^-+0j^++0.033j^- \\ 0.630+0.027i^++0.233i^-+0j^++0j^- \\ 0.456+0.330i^++0i^-+0.214j^++0j^- \\ 0.177+0.342i^++0i^-+0.481j^++0j^- \end{bmatrix} \quad (5.5.4)$$

为评价梯级坝群系统韧性等级，依据式(5.4.19)至式(5.4.21)，结合联系度 $\mu^1_{A_1 \sim B_k}$ 计算结果，得到一级指标 X_{1-1} 与各系统韧性评价等级区间联系程度的势函数 u_k、u'_k 与 $u''_k (k=1,2,\cdots,5)$。按照 u_k 结果降序排列，依据式(5.4.22)，得到 $u_{k,1}$、$u_{k,2}$ 的接近程度系数 ψ 为 $0.078>0.05$，故由式(5.4.23)确定坝群系统韧性等级结果。表 5.5.7 给出了坝群系统韧性评价一级指标、二级指标对应各韧性评价等级的同-反联系关系势函数计算结果，以及由此确定的韧性评价等级结果。

表 5.5.7　基于势函数判断准则的坝群系统韧性评价结果

评价指标	各评价等级同-反联系关系势函数 u_k					最大集对势函数	评价等级
	极好	好	中等	差	极差		
抵抗性	1.608	1.782	1.772	1.656	1.022	1.782	好
应对性	2.648	2.429	1.618	0.957	0.599	2.648	极好
恢复性	1.902	2.592	2.476	1.514	0.739	2.592	好
系统韧性	2.095	2.272	1.878	1.273	0.738	2.272	好

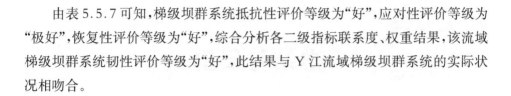

由表 5.5.7 可知,梯级坝群系统抵抗性评价等级为"好",应对性评价等级为"极好",恢复性评价等级为"好",综合分析各二级指标联系度、权重结果,该流域梯级坝群系统韧性评价等级为"好",此结果与 Y 江流域梯级坝群系统的实际状况相吻合。

5.6 本章小结

本章针对梯级坝群系统运行特点,构建了梯级坝群系统韧性评价指标体系,研究了各项系统韧性评价指标的量化技术,提出了梯级坝群系统韧性评价的方法,主要研究内容及成果如下。

(1)根据梯级坝群组成及风险的特点,从抵抗性、应对性、恢复性角度,探究了系统韧性的内涵,建立了相应的系统韧性评价指标,构建了梯级坝群系统韧性评价体系,研究并提出了韧性评价体系中各指标的量化方法。

(2)为解决系统韧性评价指标等级划分和韧性综合评价等级非等间距划分问题,以传统系统韧性评价等级等区间划分结果为基础,研究并构建了梯级坝群系统韧性评价等级非等区间分界值计算表达式,基于证据理论,探究了等级非等区间分界值的确定方法,据此提出了梯级坝群系统韧性评价等级非等区间划分方法。

(3)探究了变权重赋权理论,引入韧性评价指标状态向量,提出了韧性评价指标变权重赋权方法。基于构建的韧性评价指标体系、确定的指标与系统韧性等级和指标权重,引入集对分析方法的思想,提出了梯级坝群系统韧性评价集对分析方法,为对梯级坝群系统韧性的综合评价提供了新的手段。

第六章

总结与展望

6.1 总结

在国家自然科学基金面上项目(52379125)、国家自然科学基金地区科学基金项目(51869011)、广西重点研发计划(桂科 AB17195074)与江西省水利厅科技项目(202224ZDKT21)的资助下,本书综合坝工理论、统计学理论、系统可靠度分析方法等,开展了梯级坝群风险率估算与系统韧性评价方法研究,主要内容及成果总结如下。

6.1.1 主要研究内容及成果

(1) 通过研究风险对单座大坝的影响模式与风险传递机制,构建了梯级坝群风险链式影响的分析模型。引入能量理论,建立了风险能量传递效应的量化指标体系,运用博弈组合赋权方法确定了各指标权重,由此提出了基于理想解贴近度的风险能量传递效应的量化方法。结合图论方法与深度优先搜索算法,建立了梯级坝群中所有可能失效路径的集合。借助熵理论,提出了不同类型风险危险性量化指标的构建方法,考虑风险传递效应,建立了梯级坝群内大坝风险危险性量化指标,运用最薄弱环节思想,进一步提出了确定梯级坝群最危险失效路径的分析方法。

(2) 研究了重力坝、拱坝与土石坝主要失效模式对应的结构状态功能函数的构建方法,引入控制变量思想,经对传统子集抽样法的改进,构建了单座大坝风险率估算抽样变量,基于控制变量和子集抽样法,提出了单座大坝超出极限状态的风险率估算方法。以此为基础,研究并构建了串、并、混联组成形式下梯级坝群超出极限状态的风险率估算模型,并基于 Copula 函数,构建了风险率估算模型中的联合概率分布函数,由此提出了梯级坝群系统超出极限状态的风险率估算方法及实现技术。

（3）以大坝实测效应量时空统计模型为基础，研究了构建实测效应量基础分量的方法，经对克里金插值法的探究，建立了空间变异分量的估计方法。依据实测效应量基础分量与空间变异分量，提出了同类实测效应量场的构建方法，并采用十折交叉检验方法，验证了所建实测效应量场的有效性。为表征单座大坝整体结构的风险状态，以同类实测效应量场作为单座大坝风险状态的表征依据，建立了同类实测效应量场表征的单座大坝实时风险率估算模型，综合不同实测效应量场所反映的单座大坝结构风险状态，提出了基于投影寻踪赋权的单座大坝实时风险率估算模型。

（4）充分考虑梯级坝群系统的安全裕度，借助 k/N 系统可靠度分析理论，融合数学归纳思想，构建了梯级坝群实时风险率估算模型。为解决实时风险率估算模型高效求解问题，通过引入全概率公式，结合递归思想，对梯级坝群实时风险率估算模型进行了等效化处理，以此为基础，综合运用递归方法和通用生成函数，提出了梯级坝群实时风险率高效估算方法。

（5）构建了梯级坝群系统韧性评价指标体系，研究并提出了梯级坝群系统不同韧性评价指标的量化方法。构建了梯级坝群系统韧性评价等级非等区间分界值计算表达式，基于证据理论，探究了等级非等区间分界值的确定方法，由此提出了梯级坝群系统韧性评价等级非等区间划分方法。运用变权重赋权理论，引入韧性评价指标状态向量，提出了韧性评价指标变权重确定方法，结合上述研究成果，通过对集对分析方法的研究，提出了梯级坝群系统韧性评价集对分析方法，由此实现了对梯级坝群系统韧性的综合评价。

6.1.2　主要创新点

本书的主要创新点如下。

（1）基于风险能量理论，建立了梯级坝群风险双向传递效应分析模型，提出了风险能量传递效应的量化方法，实现了坝群系统风险链式效应的综合分析。为解决梯级坝群最危险失效路径的辨识问题，构建了坝群不同类型风险的危险性量化指标，提出了坝群系统最危险失效路径辨识方法。

（2）构造了基于控制变量思想的抽样变量，建立了控制变量－子集抽样的单座大坝超出极限状态的风险率高效估算模型，基于 Copula 函数，提出了梯级坝群风险率估算方法，解决了坝群超出极限状态的风险率估算问题。

（3）运用克里金插值技术，构建了单座大坝同类实测效应量场和实时风险率估算模型,并提出了单座大坝整体实时风险率估算方法;基于 k/N 系统可靠度理论和概率分析理论,提出了基于递归思想的梯级坝群实时风险率估算方法,实现了对坝群风险率的实时度量。

(4)构建了梯级坝群系统韧性评价指标体系,提出了各韧性评价指标量化和韧性评价等级非等间距划分的方法。运用证据理论,建立了韧性评价的等级区间分界值确定方法,引入变权理论,实现了韧性评价指标的赋权,提出了梯级坝群系统韧性评价的集对分析技术,解决了坝群系统韧性综合评价的难题。

6.2 展望

本书围绕梯级坝群中风险传递、叠加等特性,系统开展了风险分析中最危险失效路径辨识、失效风险率估算及系统韧性评价等研究,提出了考虑梯级坝群风险特点的风险率估算与系统韧性评价方法。由于梯级坝群风险来源多样、影响效应复杂,下列问题需进一步探究。

(1)本书基于各单座大坝实测资料,对梯级坝群进行风险分析,但早期修建的水库大坝存在监测资料缺失的情况,因此,针对乏信息的梯级坝群失效风险分析问题,需进一步研究和提出基于乏信息的坝群系统失效风险率的估算和韧性评价方法。

(2)传统的梯级坝群风险分析研究大多聚焦洪水、地震等风险,对人为风险的研究主要侧重于单座大坝,由于梯级坝群系统人为风险形成机理十分复杂,目前尚未找到理想的分析理论和方法,因此有关梯级坝群系统人为风险的量化问题有待深入研究。

(3)本书从梯级坝群系统的抵抗性、应对性和恢复性等方面,对系统韧性进行了评价,但在构建韧性评价指标体系中,部分指标仍依赖专家的经验确定,在今后的研究工作中,需进一步探究确定梯级坝群系统韧性评价指标的方法,降低专家主观因素的影响,提高韧性评价的质量。

参 考 文 献

［1］周建平,王浩,陈祖煜,等.特高坝及其梯级水库群设计安全标准研究Ⅰ:理论基础和等级标准[J].水利学报,2015,46(5):505-514.

［2］周建平,杜效鹄,周兴波.“十四五”水电开发形势分析、预测与对策措施[J].水电与抽水蓄能,2021,7(1):1-5.

［3］顾冲时,苏怀智,刘何稚.大坝服役风险分析与管理研究述评[J].水利学报,2018,49(1):26-35.

［4］李宗坤,葛巍,王娟,等.中国大坝安全管理与风险管理的战略思考[J].水科学进展,2015,26(4):589-595.

［5］李雷,王仁钟,盛金保.大坝风险评价与风险管理[M].北京:中国水利水电出版社,2006.

［6］顾冲时,苏怀智.综论水工程病变机理与安全保障分析理论和技术[J].水利学报,2007(S1):71-77.

［7］袁东成,戴陈梦子,潘建.沅水流域梯级水电站安全风险调查及对策措施研究[J].大坝与安全,2019(1):10-13 + 18.

［8］周建平,周兴波,杜效鹄,等.梯级水库群大坝风险防控设计研究[J].水力发电学报,2018,37(1):1-10.

［9］赵二峰,顾冲时.混凝土坝长效服役性态健康诊断研究述评[J].水力发电学报,2021,40(5):22-34.

［10］张尚弘,荆柱,安文杰,等.三峡及上游梯级水库群特大洪水防洪能力研究[J].中国科学:技术科学,2022,52(5):795-806.

［11］马福恒.病险水库大坝风险分析与预警方法[D].南京:河海大学,2006.

［12］胡江,苏怀智.基于生命质量指数的病险水库除险加固效应评价方法[J].水利学报,2012,43(7):852-859 + 868.

［13］DUTTA D, HERATH S, MUSIAKEC K. A mathematical model for flood loss estimation[J]. Journal of Hydrology, 2003, 277 (1-2): 24-49.

［14］CAO Z, HUANG W, PENDER G, et al. Even more destructive: cascade dam break floods[J]. Journal of Flood Risk Management, 2014, 7 (4): 357-373.

［15］ 苏怀智,胡江,吴中如,等.基于时变风险率的大坝使用寿命评估模型［C］//全国大坝安全监测技术信息网 2008 年度技术信息交流会暨全国大坝安全监测技术应用和发展研讨会论文集,2008.

［16］ 顾冲时,苏怀智,刘何稚.大坝服役风险分析与管理研究述评［J］.水利学报,2018,49(1)：26-35.

［17］ ESCUDER-BUENO I, MAZZA G, MORALES-TORRES A, et al. Computational aspects of dam risk analysis：Findings and challenges［J］. Engineering, 2016, 2 (3)：319-324.

［18］ ZHOU X B, ZHOU J P, DU X H, et al. Study on dam risk classification in China［J］. Water Science and Technology-Water Supply, 2015, 15 (3)：483-489.

［19］ 盛金保,厉丹丹,蔡荨,等.大坝风险评估与管理关键技术研究进展［J］.中国科学：技术科学,2018,48(10)：1057-1067.

［20］ STAMATIS D H. Failure mode and effect analysis［M］. Seattle：Quality Press, 2003.

［21］ PEYRAS L, ROYET P, BOISSIER D. Dam ageing diagnosis and risk analysis：Development of methods to support expert judgment［J］. Canadian Geotechnical Journal, 2006, 43 (2)：169-186.

［22］ HARTFORD D N D, BAECHER G B. Risk and uncertainty in dam safety ［J］. Reliability Engineering & System Safety, 2006, 91 (4)：492-492.

［23］ MICOVIC Z, HARTFORD D N D, SCHAEFER M G, et al. A non-traditional approach to the analysis of flood hazard for dams［J］. Stochastic Environmental Research Risk Assessment, 2016, 30 (2)：559-581.

［24］ SRIVASTAVA A. Generalized event tree algorithm and software for dam safety risk analysis［D］. Logan：Utah State University, 2008.

［25］ HILL P I, BOWLES D S, NATHAN R J, et al. On the art of event tree modeling for portfolio risk analyses［C］. NZSOLD ANCOLD 2001 Conference on Dams, 2001.

［26］ PEARL J. Fusion, propagation, and structuring in belief networks［J］. Artificial intelligence, 1986, 29 (3)：241-288.

［27］ KALININA A, SPADA M, BURGHERR P. Application of a Bayesian hierarchical modeling for risk assessment of accidents at hydropower dams［J］. Safety Science, 2018, 110：164-177.

［28］ TANG X Q, CHEN A Y, HE J P. A modelling approach based on Bayesian networks for dam risk analysis：Integration of machine learning algorithm and domain knowledge［J］. International Journal of Disaster Risk Reduction, 2022, 71：1-15.

[29] 杜德进,张为民,张秀丽,等.风险评估在丰满水电站大坝的应用研究[J].大坝与安全,2002(6):6-10.

[30] 吴中如,苏怀智,郭海庆.重大水利水电病险工程运行风险分析方法[J].中国科学:技术科学,2008(9):1391-1397.

[31] 罗文广,鲁曦卉,吴震宇,等.某大坝失事故障树的建立与应用[C].中国水力发电工程学会大坝安全监测专委会年会暨学术交流会,2012.

[32] 黄海鹏.土石坝服役风险及安全评估方法研究[D].南昌:南昌大学,2015.

[33] 陈悦,胡雅婷,汪程,等.基于FAHP-EWM-TOPSIS的大坝风险识别模型[J].水利水电技术,2019,50(2):106-111.

[34] 何标.我国土石坝坝体渗漏与漫顶溃决风险分析研究[D].北京:清华大学,2019.

[35] 林鹏远,李宏恩,徐康,等.基于贝叶斯网络的某水库大坝渗漏风险分析[J].水利水电技术(中英文),2022,53(11):110-120.

[36] 李翔宇.基于地基雷达干涉测量技术的大坝边坡形变监测与风险评价[D].郑州:华北水利水电大学,2020.

[37] ZHENG X Q, GU C S, QIN D. Dam's risk identification under interval-valued intuitionistic fuzzy environment[J]. Civil Engineering and Environmental Systems, 2015, 32 (4): 351-363.

[38] SHU X S, BAO T F, LI Y T, et al. Dam safety evaluation based on interval-valued intuitionistic fuzzy sets and evidence theory[J]. Sensors, 2020, 20 (9): 1-28.

[39] 王子成,许后磊,赵志勇,等.特高拱坝动态安全风险分析系统研发及应用[J].水利水运工程学报,2020,179(1):112-118.

[40] 吴胜文,秦鹏,高健,等.熵权-集对分析方法在大坝运行风险评价中的应用[J].长江科学院院报,2016,33(6):36-40.

[41] 蔡文君.梯级水库洪灾风险分析理论方法研究[D].大连:大连理工大学,2015.

[42] 李炎隆,王胜乐,王琳,等.流域梯级水库群风险分析研究进展[J].中国科学:技术科学,2021,51(11):1362-1381.

[43] 朱鲲.基于风险能量分析的经济系统风险管理研究[D].北京:清华大学,2004.

[44] 陆仁强.城市供水系统脆弱性分析及风险评价系统方法研究[D].天津:天津大学,2010.

[45] 曹吉鸣,申良法,彭为,等.风险链视角下建设项目进度风险评估[J].同济大学学报(自然科学版),2015,43(3):468-474.

[46] 白涛,李磊,黄强,等.西江流域压咸风险调度及其时空传递规律研究[J].水力发电学报,2021,40(10):71-80.

［47］张鸿雪.考虑多重风险的澜沧江下游梯级水库多目标调度［D］.西安:西安理工大学,2020.

［48］董涛,王振龙,金菊良,等.基于风险矩阵和五元减法集对势的区域旱灾风险链式传递诊断评估方法［J］.灾害学,2020,35(4):222-227.

［49］殷闯,何理,聂倩文,等.流域洪灾风险传递规律研究［J］.中国农村水利水电,2020,458(12):15-20+26.

［50］MANE M, DELAURENTIS D, FRAZHO A. A Markov perspective on development interdependencies in networks of systems［J］. Journal of Mechanical Design, 2011, 133 (10):1-9.

［51］BADR A, YOSRI A, HASSINI S, et al. Coupled continuous-time Markov chain-Bayesian network model for dam failure risk prediction［J］. Journal of Infrastructure Systems, 2021, 27 (4):1-14.

［52］武敏霞.电网企业运营风险评价与传递模型研究［D］.保定:华北电力大学,2014.

［53］施洲,纪锋,余万庆,等.大型桥梁施工风险动态评估［J］.同济大学学报(自然科学版),2021,49(5):634-642.

［54］WANG P, LI Y B, YU P, et al. The analysis of urban flood risk propagation based on the modified susceptible infected recovered model［J］. Journal of Hydrology, 2021, 603:1-16.

［55］ZHEN Z X, WU X, MA B, et al. Propagation network of tailings dam failure risk and the identification of key hazards［J］. Scientific Reports, 2022, 12 (1):1-17.

［56］SHRESTHA A, CHAN T K, AIBINU A A, et al. Efficient risk transfer in PPP wastewater treatment projects［J］. Utilities Policy, 2017, 48:132-140.

［57］CHEN Y, ZHU L P, HU Z G, et al. Risk propagation in multilayer heterogeneous network of coupled system of large engineering project［J］. Journal of Management in Engineering, 2022, 38 (3):1-13.

［58］WANG T, LI Z K, GE W, et al. Calculation of dam risk probability of cascade reservoirs considering risk transmission and superposition［J］. Journal of Hydrology, 2022, 609:1-12.

［59］姜树海,范子武.大坝的允许风险及其运用研究［J］.水利水运工程学报,2003(3):7-12.

［60］徐强.大坝的风险分析方法研究［D］.大连:大连理工大学,2008.

［61］BREITUNG K. Asymptotic approximations for multinormal integrals［J］. Journal of Engineering Mechanics, 1984, 110 (3):357-366.

［62］ BJERAGER P. Probability integration by directional simulation［J］. Journal of Engineering Mechanics，1988，114（8）：1285-1302.

［63］ DITLEVSEN O，BJERAGER P，OLESEN R，et al. Directional simulation in Gaussian processes［J］. Probabilistic Engineering Mechanics，1988，3（4）：207-217.

［64］郑雪琴.大坝运行风险率分析模型研究［D］.南京：河海大学,2016.

［65］李典庆,郑栋,曹子君,等.边坡可靠度分析的响应面方法比较研究［J］.武汉大学学报（工学版）,2017,50(1)：1-17.

［66］ RACKWITZ R，FLESSLER B. Structural reliability under combined random load sequences［J］. Computers Structures，1978，9（5）：489-494.

［67］ KOUTSOURELAKIS P S，PRADLWARTER H J，SCHUELLER G I. Reliability of structures in high dimensions，part I：algorithms and applications［J］. Probabilistic Engineering Mechanics,2004，19（4）：409-417.

［68］ KOUTSOURELAKIS P S. Reliability of structures in high dimensions. Part II. Theoreticalvalidation［J］. Probabilistic Engineering Mechanics,2004，19（4）：419-423.

［69］ PELLISSETTI M F，SCHUELLER G I，PRADLWARTER H J，et al. Reliability analysis of spacecraft structures under static and dynamic loading［J］. Computers & Structures，2006，84（21）：1313-1325.

［70］ HASOFER A M. An exact and invariant first order reliability format［J］. Journal of the Engineering Mechanics Division，1974，100（1）：111-121.

［71］ GHALEHNOVI M，RASHKI M，AMERYAN A. First order control variates algorithm for reliability analysis of engineering structures［J］. Applied Mathematical Modelling，2020，77（1）：829-847.

［72］ DER KIUREGHIAN A，LIN H Z，HWANG S J. Second-order reliability approximations［J］. Journal of Engineering Mechanics，1987，113（8）：1208-1225.

［73］ HOHENBICHLER M，RACKWITZ R. Improvement of second-order reliability estimates by importance sampling［J］. Journal of Engineering Mechanics，1988，114（12）：2195-2199.

［74］廖成鑫,程云,孙东.基于JC法的多支撑桩墙支护基坑变形可靠性分析［J］.地下空间与工程学报,2018,14(5)：1387-1392＋1418.

［75］赵金钢,占玉林,贾宏宇,等.基于JC法的近场地震作用下钢筋混凝土高墩塑性铰形成概率分析［J］.振动与冲击,2019,38(13)：64-72＋94.

［76］闫培雷,王晓娜,郭恩栋.基于JC法的卧式压力容器地震失效概率评估方法研究［J］.地震工程与工程振动,2021,41(6)：158-167.

［77］ ROTHERY P. The use of control variates in Monte Carlo estimation of power［J］.

Journal of the Royal Statistical Society: Series C, 1982, 31 (2): 125-129.

[78] WANG Y, CAO Z J, AU S K. Efficient Monte Carlo Simulation of parameter sensitivity in probabilistic slope stability analysis[J]. Computers and Geotechnics, 2010, 37 (7-8): 1015-1022.

[79] SHI Z W, GU C S, ZHENG X Q, et al. Multiple failure modes analysis of the dam system by means of line sampling simulation[J]. Optik, 2016, 127 (11): 4710-4715.

[80] CHING J Y, HSIEH Y H. Approximate reliability-based optimization using a three-step approach based on subset simulation[J]. Journal of Engineering Mechanics, 2007, 133 (4): 481-493.

[81] ZIO E, PEDRONI N. Monte Carlo simulation-based sensitivity analysis of the model of a thermal-hydraulic passive system[J]. Reliability Engineering & System Safety, 2012, 107: 90-106.

[82] LI H S, AU S K. Design optimization using Subset Simulation algorithm[J]. Structural Safety, 2010, 32 (6): 384-392.

[83] 雷鹏,陈晓伟,张贵金,等.基于 LHS-MC 的堤防渗透破坏风险分析[J].人民黄河, 2014,36(10): 45-47.

[84] JIA D W, WU Z Y. An importance sampling reliability method combining Kriging and Gaussian Mixture Model through ring subregion strategy for multiple failure modes[J]. Structural and Multidisciplinary Optimization, 2022, 65 (2): 1-24.

[85] HSU W C, CHING J Y. Evaluating small failure probabilities of multiple limit states by parallel subset simulation [J]. Probabilistic Engineering Mechanics, 2010, 25 (3): 291-304.

[86] ABDOLLAHI A, MOGHADDAM M A, MONFARED SA H, et al. Subset simulation method including fitness-based seed selection for reliability analysis[J]. Engineering with Computers, 2021, 37 (4): 2689-2705.

[87] STEFANOU G. The stochastic finite element method: Past, present and future[J]. Computer Methods in Applied Mechanics and Engineering, 2009, 198 (9-12): 1031-1051.

[88] ARREGUI-MENA J D, MARGETTS L, MUMMERY P M. Practical application of the stochastic finite element method[J]. Archives of Computational Methods in Engineering, 2016, 23 (1): 171-190.

[89] 张芝玲.基于改进响应面法的拱坝可靠度分析[D].郑州:郑州大学,2013.

[90] 程井,马秀彦,张雷,等.基于随机有限元的重力坝时变可靠度计算分析[J].人民黄河, 2020,42(7): 100-103.

［91］宋宇宁.有限元响应面法在土石坝可靠度分析中的应用［D］.大连：大连理工大学,2021.

［92］BUCHER C G, BOURGUND U. A fast and efficient response surface approach for structural reliability problems［J］. Structural Safety,1990, 7（1）：57-66.

［93］JAFARI-ASL J, OHADI S, BEN SEGHIER M E A,et al. Accurate structural reliability analysis using an improved line-sampling-method-based slime mold algorithm［J］. Asce-Asme Journal of Risk and Uncertainty in Engineering Systems Part A：Civil Engineering, 2021, 7（2）：1-10.

［94］ZHOU Z, LI D Q, XIAO T,et al. Response surface guided adaptive slope reliability analysis in spatially varying soils［J］. Computers and Geotechnics, 2021, 132(12)：1-11.

［95］ELHEWY A H, MESBAHI E, PU Y. Reliability analysis of structures using neural network method［J］. Probabilistic Engineering Mechanics, 2006, 21（1）：44-53.

［96］CHOJACZYK A A, TEIXEIRA A P, NEVES L C, et al. Review and application of Artificial Neural Networks models in reliability analysis of steel structures［J］. Structural Safety, 2015, 52(5)：78-89.

［97］WANG G, MA Z Y. Hybrid particle swarm optimization for first-order reliability method［J］. Computers and Geotechnics, 2017, 81：49-58.

［98］LEHKY D, SOMODIKOVA M, LIPOWCZAN M. A utilization of the inverse response surface method for the reliability-based design of structures［J］. Neural Computing & Applications, 2022, 34（15）：12845-12859.

［99］张锐,张双虎,王本德,等.考虑上游溃坝洪水的水库漫坝失事模糊风险分析［J］.水利学报,2016,47(4)：509-517.

［100］ZHANG Y K, XU W L. Retarding effects of an intermediate intact dam on the dam-break flow in cascade reservoirs［J］. Journal of Hydraulic Research, 2017, 55（3）：438-444.

［101］许唯临,陈华勇,薛阳.梯级库群的连锁溃决［M］.北京：中国水利水电出版社,2013.

［102］蔡启富,郑邦民.间断水波在梯级水库中的传播［J］.水科学进展,1997(2)：41-45.

［103］黄卫,曹志先.梯级大坝溃决洪水渐进增强机制数值模拟［J］.武汉大学学报（工学版）,2014,47(2)：160-164.

［104］XUE Y, XU W L, LUO S J,et al. Experimental study of dam-break flow in cascade reservoirs with steep bottom slope［J］. Journal of Hydrodynamics, 2011, 23（4）：491-497.

［105］GUO H, YAO L, REN Y, et al. Flood routing in cascade reservoir caused by instantaneous dam break events［C］. 2010 International Conference on E-Product E-

Service and E-Entertainment，2010.

[106] ZHOU X B, CHEN Z Y, ZHOU J P, et al. A quantitative risk analysis model for cascade reservoirs overtopping：principle and application[J]. Natural Hazards, 2020, 104 (1)：249-277.

[107] LUO J, XU W L, TIAN Z, et al. Numerical simulation of cascaded dam-break flow in downstream reservoir [J]. Proceedings of the Institution of Civil Engineers-Water Management, 2019, 172 (2)：55-67.

[108] 陈淑婧.梯级土石坝连溃洪水计算模型及小岗剑堰塞湖反演分析[D].北京：中国水利水电科学研究院,2018.

[109] HU L M, YANG X, LI Q, et al. Numerical simulation and risk assessment of cascade reservoir dam-break[J]. Water, 2020, 12 (6)：1-19.

[110] 胡良明,张志飞,李仟,等.梯级水库土石坝连溃模拟及风险分析[J].水力发电学报, 2018,37(7)：65-73.

[111] BOWLES D S, ANDERSON L R, GLOVER T F, et al. Portfolio risk assessment：A tool for dam safety risk management[C]. 18th Annual USCOLD Lecture Series on Managing the Risks of Dam Project Development, Safety and Operation, 1998.

[112] HAGEN V K. Re-evaluation of design floods and dam safety[C]. Proceedings of 14th Congress of International Commission on Large Dams, 1982.

[113] 吴浩.近坝库岸边坡安全性评价研究[D].北京：中国水利水电科学研究院,2015.

[114] 杜效鹄,李斌,陈祖煜,等.特高坝及其梯级水库群设计安全标准研究Ⅱ：高土石坝坝坡稳定安全系数标准[J].水利学报,2015,46(6)：640-649.

[115] 周兴波,陈祖煜,黄跃飞,等.特高坝及梯级水库群设计安全标准研究Ⅲ：梯级土石坝连溃风险分析[J].水利学报,2015,46(7)：765-772.

[116] 任青文,杨印,田英.基于层次分析法的梯级库群失效概率研究[J].水利学报,2014,45 (3)：296-303.

[117] 杨印,任青文,王冬梅,等.基于联系度的梯级库群系统连锁失效模型的建立与应用[J].水利学报,2016,47(11)：1442-1448.

[118] LI P, LIANG C. Risk analysis for cascade reservoirs collapse based on Bayesian networks under the combined action of flood and landslide surge[J]. Mathematical Problems in Engineering, 2016(6)：1-14.

[119] 林鹏智,陈宇.基于贝叶斯网络的梯级水库群漫坝风险分析[J].工程科学与技术,2018, 50(3)：46-53.

[120] 席秋义.水库(群)防洪安全风险率模型和防洪标准研究[D].西安：西安理工大

学,2006.

[121] 陈玺,孙平,李守义,等.考虑地震与溃坝洪水共同作用的土石坝坝坡稳定分析方法[J].
水利学报,2017,48(12):1499-1505.

[122] 邓建华,胡雅婷,孟珍珠,等.基于 Copula 函数的混凝土特高拱坝变形风险量化模型
[J].水电能源科学,2020,38(6):59-62.

[123] 牛景太,姜灵,邓志平,等.基于原型监测资料的特高拱坝变形实时风险率模型[J].水资
源与水工程学报,2021,32(5):166-174.

[124] SHAO C F, GU C S, MENG Z Z, et al. A data-driven approach based on multivariate
Copulas for quantitative risk assessment of concrete dam[J]. Journal of Marine Science
and Engineering, 2019, 7 (10): 1-20.

[125] 陈波,刘庭赫,黄梓莘,等.库岸边坡运行的实时风险率量化模型和预警方法[J].水利学
报,2022,53(3):333-347.

[126] ZHAO E F, WU C Q. Risk probabilistic assessment of ultrahigh arch dams through
regression panel modeling on deformation behavior[J]. Structural Control & Health
Monitoring, 2021, 28 (5): 1-15.

[127] 朱延涛.梯级坝群风险链式效应及失效概率分析方法研究[D].南京:河海大学,2021.

[128] 李浩瑾.大坝风险分析的若干计算方法研究[D].大连:大连理工大学,2012.

[129] PIMENTA L, CALDEIRA L, DAS NEVES E M. A new qualitative method for the
condition assessment of earth and rockfill dams [J]. Structure and Infrastructure
Engineering, 2013, 9 (11): 1103-1117.

[130] AYDEMIR A, GUVEN A. Modified risk assessment tool for embankment dams: Case
study of three dams in Turkey[J]. Civil Engineering and Environmental Systems, 2017,
34 (1): 53-67.

[131] BID S, SIDDIQUE G. Human risk assessment of Panchet Dam in India using TOPSIS
and WASPAS Multi-Criteria Decision-Making (MCDM) methods[J]. Heliyon,2019, 5
(6): 1-13.

[132] RIBAS J R, PEREZ J I. A multicriteria fuzzy approximate reasoning approach for risk
assessment of damsafety[J]. Environmental Earth Sciences, 2019, 78 (16): 1-15.

[133] 张丹.水利水电工程社会稳定风险的识别与评估[J].中国农村水利水电,2021(10):
136-139+144.

[134] BOWLES D S. Engineering reliability and risk in water resources[M]. Dordrecht:
Springer, 1987.

[135] TOSUN H, SEYREK E. Total risk analyses for large dams in Kizilirmak basin, Turkey

[J]. Natural Hazards and Earth System Sciences, 2010, 10 (5): 979-987.

[136] GU S P. F-N curved surface method for establishing the integrated risk criteria of dam failure[J]. Science China-Technological Sciences, 2011, 54 (3): 597-602.

[137] 陈兵.基于灾害系统的大坝溃决风险粒度分析[J].人民长江,2015,46(S1):156-160.

[138] 杜效鹄.中国水坝安全状况分析与研究[J].水力发电,2019,45(2):64-69+73.

[139] 李宗坤,宋子元,葛巍,等.基于模糊集理论的土石坝开裂破坏风险分析[J].郑州大学学报(工学版),2020,41(5):55-59.

[140] ZHANG Y D, LI Z K, GE W, et al. Impact of extreme floods on plants considering various influencing factors downstream of Luhun Reservoir, China[J]. Science of the Total Environment, 2021, 768: 1-12.

[141] JI Z H, LI N, XIE W, et al. Comprehensive assessment of flood risk using the classification and regression tree method[J]. Stochastic Environmental Research and Risk Assessment, 2013, 27 (8): 1815-1828.

[142] ZOU Q, LIAO L, QIN H. Fast comprehensive flood risk assessment based on game theory and cloud model under parallel computation (P-GT-CM)[J]. Water Resources Management, 2020, 34 (5): 1625-1648.

[143] 方卫华,原建强,何淇,等.基于风险分析的小型水库安全管理研究[J].大坝与安全,2021(1):1-6+10.

[144] 张士辰,彭雪辉,侯文昂.基于大坝脆弱度与溃坝后果系数的群坝风险排序方法再研究[J].长江科学院院报,2022:1-6.

[145] 王冰,冯平.梯级水库联合防洪应急调度模式及其风险评估[J].水利学报,2011,42(2):218-225.

[146] YANG S H, PAN Y W, DONG J J, et al. A systematic approach for the assessment of flooding hazard and risk associated with a landslide dam[J]. Natural Hazards, 2013, 65 (1): 41-62.

[147] 王丽学,何亚,赵宁,等.基于事件树法的小型震损水库群溃坝风险分析及应用[J].水电能源科学,2015,33(3):42-44+13.

[148] 杨国华,李江,王荣鲁,等.塔河流域在役大中型水库风险评估研究[J].水利规划与设计,2020,195(1):64-68.

[149] 于子波,向衍,孟颖,等.梯级水库连溃风险分析及洪水演进模拟[J].人民珠江,2021,42(8):11-16.

[150] 傅琼华,段智芳.群坝风险评估指数排序方法的探讨[J].中国水利水电科学研究院学报,2006(2):107-110+150.

［151］熊瑶,任青文,田英,等.模糊综合评价法在梯级库群系统安全评价中的应用[J].水电能源科学,2015,33(12):66-69+92.

［152］刘家宏,周晋军,王浩.梯级水电枢纽群巨灾风险分析与防控研究综述[J].水利学报,2023,54(1):34-44.

［153］史佳枫,李伟,朱延涛,等.基于模糊可拓层次分析的梯级水库群安全评价[J].人民长江,2022,53(12):228-234.

［154］陈轶钦,黄淑萍.一种基于路网抗震韧性的路段重要度评价方法[J].上海交通大学学报,2023,57(10):1250-1260.

［155］刘辉,程振超,王丹.城市消防韧性评价指标体系研究[J].灾害学,2023,38(2):25-30.

［156］孙才志,孟程程.中国区域水资源系统韧性与效率的发展协调关系评价[J].地理科学,2020,40(12):2094-2104.

［157］赵自阳,王红瑞,张力,等.长江经济带水资源-水环境-社会经济复杂系统韧性调控模型及应用[J].水科学进展,2022,33(5):705-717.

［158］黄刚.面向系统韧性提升的智能电网调度优化方法研究[D].杭州:浙江大学,2018.

［159］李正兆,傅大放,王君娴,等.应对内涝灾害的城市韧性评估模型及应用[J].清华大学学报(自然科学版),2022,62(2):266-276.

［160］王红瑞,杨亚锋,杨荣雪,等.水资源系统安全的不确定性思维:从风险到韧性[J].华北水利水电大学学报(自然科学版),2022,43(1):1-8.

［161］LIU D D, CHEN X H, NAKATO T. Resilience assessment of water resources system [J]. Water Resources Management, 2012, 26 (13): 3743-3755.

［162］AYYUB B M. Systems resilience for multihazard environments: Definition, metrics, and valuation for decision making[J]. Risk Analysis, 2014, 34 (2): 340-355.

［163］MEEROW S, NEWELL J P, STULTS M. Defining urban resilience: A review[J]. Landscape and Urban Planning, 2016, 147: 38-49.

［164］QASIM S, QASIM M, SHRESTHA R P, et al. Community resilience to flood hazards in Khyber Pukhthunkhwa province of Pakistan[J]. International Journal of Disaster Risk Reduction, 2016, 18: 100-106.

［165］陈长坤,陈以琴,施波,等.雨洪灾害情境下城市韧性评估模型[J].中国安全科学学报,2018,28(4):1-6.

［166］闫晨,陈锦涛,段芮,等.基于压力-状态-响应模型的历史街区防火韧性评估体系构建及应用——以福州市三坊七巷为例[J].科学技术与工程,2021,21(8):3290-3296.

［167］ORENCIO P M, FUJII M. A localized disaster-resilience index to assess coastal communities based on an analytic hierarchy process (AHP)[J]. International Journal of

Disaster Risk Reduction，2013，3：62-75.

[168] SUN H H，CHENG X F，DAI M Q. Regional flood disaster resilience evaluation based on analytic network process：a case study of the Chaohu Lake Basin, Anhui Province, China[J]. Natural Hazards，2016，82（1）：39-58.

[169] HUANG W J，LING M Z. System resilience assessment method of urban lifeline system for GIS[J]. Computers Environment and Urban Systems，2018，71：67-80.

[170] PAVLOV A，IVANOV D，DOLGUI A，et al. Hybrid fuzzy-probabilistic approach to supply chain resilience assessment[J]. Ieee Transactions on Engineering Management，2018，65（2）：303-315.

[171] HADDON W. Energy damage and the ten countermeasure strategies[J]. Human Factors，1973，15（4）：355-366.

[172] 肖盛燮.生态环境灾变链式理论原创结构梗概[J].岩石力学与工程学报,2006(S1)：2593-2602.

[173] 徐泽水,达庆利.多属性决策的组合赋权方法研究[J].中国管理科学,2002(2)：85-88.

[174] 陈伟,夏建华.综合主、客观权重信息的最优组合赋权方法[J].数学的实践与认识,2007(1)：17-22.

[175] OSBORNE M J. An introduction to game theory[M]. New York：Oxford University Press，2004.

[176] 罗宁,贺墨琳,高华,等.基于改进的 AHP-CRITIC 组合赋权与可拓评估模型的配电网综合评价方法[J].电力系统保护与控制,2021,49(16)：86-96.

[177] 程大伟,牛志彬,刘新海,等.复杂担保网络中传染路径的风险评估[J].中国科学：信息科学,2021,51(7)：1068-1083.

[178] DENG Y. Uncertainty measure in evidence theory[J]. Science China Information Sciences，2020，63（11）：1-19.

[179] 葛若琛.基于 Copula 函数的洪水风险度量及其误差分析[D].北京：中国地质大学,2021.

[180] 秦佩瑶.地震与洪水联合作用下结构抗多灾分析与设防水准研究[D].大连：大连理工大学,2021.

[181] ZADEH L A. Fuzzy sets as a basis for a theory of possibility[J]. Fuzzy Sets Systems，1978，1（1）：3-28.

[182] 邓聚龙.灰色系统综述[J].世界科学,1983,7(1)：1-5.

[183] 郑声安,王仁坤,章建跃,等.汶川地震对岷江上游水电工程的影响分析[J].水力发电,

2008(11)：5-9.

[184] 宋胜武,蒋峰,陈万涛.汶川地震灾区大中型水电工程震损特征初步分析[J].四川水力发电,2009,28(2)：1-7+22.

[185] BIRD G. Monte-Carlo simulation in an engineering context[J]. Progress in Astronautics Aeronautics, 1981, 74: 239-255.

[186] TOKDAR S T, KASS R E. Importance sampling: A review[J]. Wiley Interdisciplinary Reviews: Computational Statistics, 2010, 2 (1): 54-60.

[187] AU S K, BECK J L. Subset simulation and its application to seismic risk based on dynamic analysis[J]. Journal of Engineering Mechanics, 2003, 129 (8): 901-917.

[188] PEDRONI N, ZIO E. An Adaptive Metamodel-Based Subset Importance Sampling approach for the assessment of the functional failure probability of a thermal-hydraulic passive system[J]. Applied Mathematical Modelling, 2017, 48: 269-288.

[189] SKLAR A. Random variables, joint distribution functions, and copulas[J]. Kybernetika, 1973, 9 (6): 449-460.

[190] NELSEN R B. An introduction to copulas[M]. New York: Springer Press, 2006.

[191] OLIVER M A. Kriging: A method of interpolation for geographical information systems [J]. International Journal of Geographical Information System, 1990, 4 (3): 313-332.

[192] HA H, OLSON J R, BIAN L, et al. Analysis of heavy metal sources in soil using kriging interpolation on principal components[J]. 2014, 48 (9): 4999-5007.

[193] 邵晨飞.拱坝变形监测有效信息挖掘与场表征模型构建方法[D].南京：河海大学,2021.

[194] REFAEILZADEH P, TANG L, LIU H. Cross-validation[J]. Encyclopedia of database systems, 2009, 5: 532-538.

[195] FRIEDMAN J H. Exploratory projection pursuit[J]. Journal of the American statistical association, 1987, 82 (397): 249-266.

[196] 付强,赵小勇.投影寻踪模型原理及其应用[M].北京：科学出版社,2006.

[197] 李婧,陈光宇,唐菱,等.双层多态加权 k/n 系统可用性模型与冗余设计优化[J].控制与决策,2020,35(11)：2752-2760.

[198] 朱光宇.考虑多失效模式下的多态系统可靠性分析[D].哈尔滨：哈尔滨工程大学,2021.

[199] LEVITIN G. The universal generating function in reliability analysis and optimization [M]. New York: Springer, 2005.

[200] 周正印.考虑不确定性影响的溃坝洪水灾害脆弱性评价研究[D].天津：天津大

学,2017.

［201］孙玮玮,李雷.基于线性加权和法的大坝风险后果综合评价模型[J].中国农村水利水电,2011(7)：88-90.

［202］李雷,周克发.大坝溃决导致的生命损失估算方法研究现状[J].水利水电科技进展,2006(2)：76-80.

［203］BROWN C A, GRAHAM W J. Assessing the threat to life from dam failure[J]. Journal of the American Water Resources Association,1988，24（6）：1303-1309.

［204］周克发,李雷,盛金保.我国溃坝生命损失评价模型初步研究[J].安全与环境学报,2007(3)：145-149.

［205］沙秀艳,尹传存.基于隶属度偏差加权的改进犹豫模糊距离测度及应用[J].统计与决策,2022,38(4)：180-184.

［206］CHANG D Y. Applications of the extent analysis method on fuzzy AHP[J]. European Journal of Operational Research, 1996, 95（3）：649-655.

［207］赵克勤,宣爱理.集对论———一种新的不确定性理论方法与应用[J].系统工程,1996(1)：18-23＋72.

［208］孟宪萌,胡和平.基于熵权的集对分析模型在水质综合评价中的应用[J].水利学报,2009,40(3)：257-262.

［209］柳滔.雅砻江流域梯级水库群溃决洪水模拟研究[D].宜昌：三峡大学,2019.